JN098793

❖不思議で奇麗な石の本❖

縞と色彩の石アゲート

山田英春

創元社

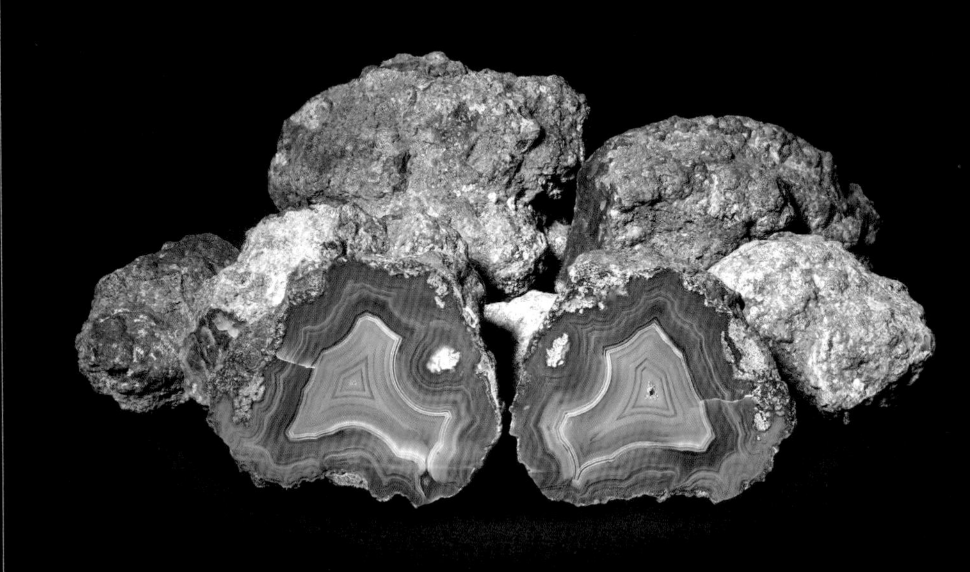

001. ラグーナ・アゲートの原石と
半分に切ったアルゼンチンのアゲート
Rough Laguna Agate nodules and half cut
Argentina agate.

Contents

❖

はじめに

アゲートの世界

Introduction

アゲート（agate）は、和名でメノウ（瑪瑙）と呼ばれる石だ。とてもありふれた鉱物で、石に興味が無くてもメノウという名は耳にしたことがある、という人は多いと思う。ただし、メノウとアゲートは、厳密にいうと対象となる石の範囲が異なる。

アゲートはシリカ（二酸化ケイ素）が結晶した、石英の一種だ。石英の大きな結晶は水晶と呼ばれ、目に見えないごく微小な繊維状の結晶が集合して塊になったものはカルセドニー（玉髄）と呼ばれる。このカルセドニーはほぼ無色だが、岩の空隙などに熱水が入り、カルセドニーが層をつくりながらできていく過程で、鉄分などの他の鉱物の析出も同時におこり、これがそれぞれの層を染め分けるようにして、濃淡や色彩の変化に富んだ縞模様を生み出すことがある。こうした美麗な玉髄が、宝石用語として、アゲートと呼ばれてきた。

日本では色も模様も無いカルセドニーもメノウと呼ばれている。「メノウ海岸」と名づけられた場所に落ちているのはほとんどが無色半透明のカルセドニーだし、「赤メノウ」と呼ばれているものの多くも、欧米ではカーネリアンと呼ばれ、アゲートとは区別されている。これはアゲートもメノウも、本来宝石用語であって、厳密な科学的分類によるものではないことに起因している。筆者も通常「メノウ」という語を使うことが多いが、本シリーズでは、羽毛状の含有物のあるものを「プルーム・アゲート」という呼称で一冊にまとめた経緯があり、本書では、近年日本の鉱物市場でも広く使われはじめている「アゲート」の呼称に統一することにした。

アゲートにはさまざまなタイプのものがあるが、本書では最も基本的な姿である縞模様のものをクローズアップして一冊にまとめている。世界各地で採れるが、産地ごとに特徴があり、驚くほどカラフルに色づいたもの、繊細で優美な縞模様をもつものなど、実にさまざまだ。本来、宝石としては価値の高くない半貴石だが、高品質で稀少な産地のものには、近年驚くほど高価な価格がつくことがある。

本書では他のコレクターの協力も得つつ、世界各地の主な産地のものを厳選して掲載した。縞模様と色彩が生む目眩く（めくるめく）造形の世界を楽しんでいただきたい。

002. ラグーナ・アゲート（87×72mm）
Ojo Laguna,
Chihuahua, Mexico

北・中米のアゲート

現在世界で最も美麗で人気の高いアゲートは
メキシコのチワワ州産のものだ。
とくに、ラグーナ・アゲートの名は
高品質のアゲートの代名詞ともなっている。
また、米国も石英系の石の宝庫であり、
縞模様の美しいアゲートが種々さまざまに採れる。
カナダ、コロンビア、コスタリカなど、これ以外にも
北・中米のアゲートの産地はあるが、
ここでは米国・メキシコの代表的な
産地のものを紹介する。

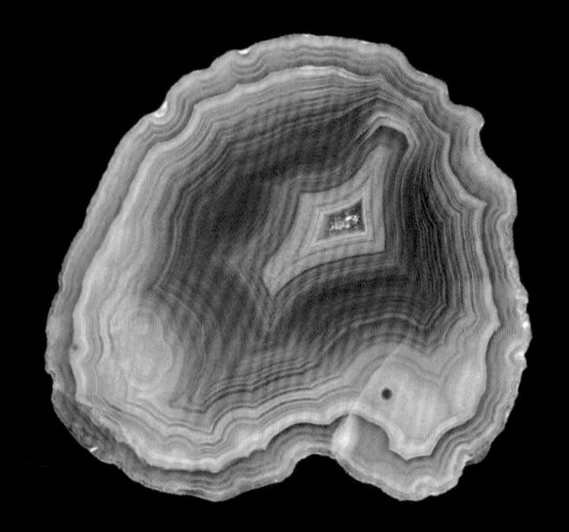

003. ラグーナ・アゲート（48×45mm）
Ojo Laguna,
Chihuahua, Mexico

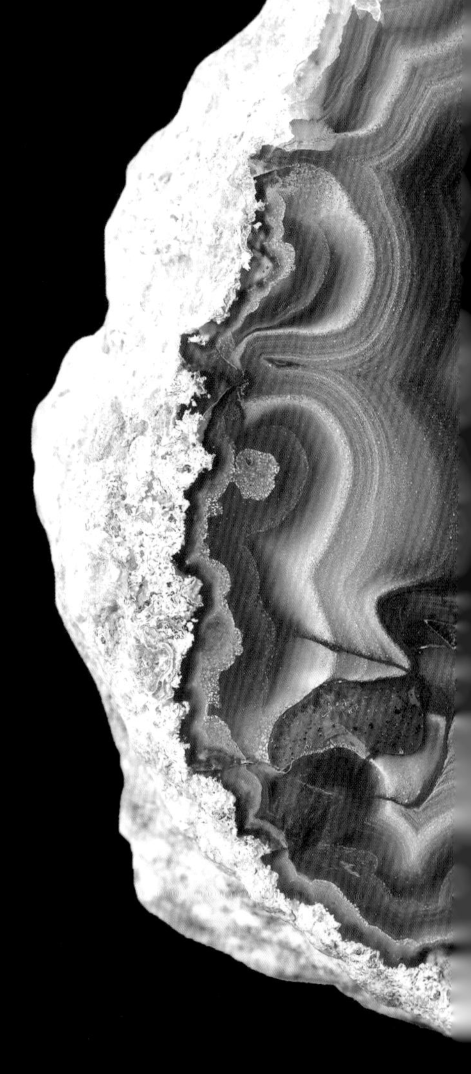

Hannes Holzmann collect

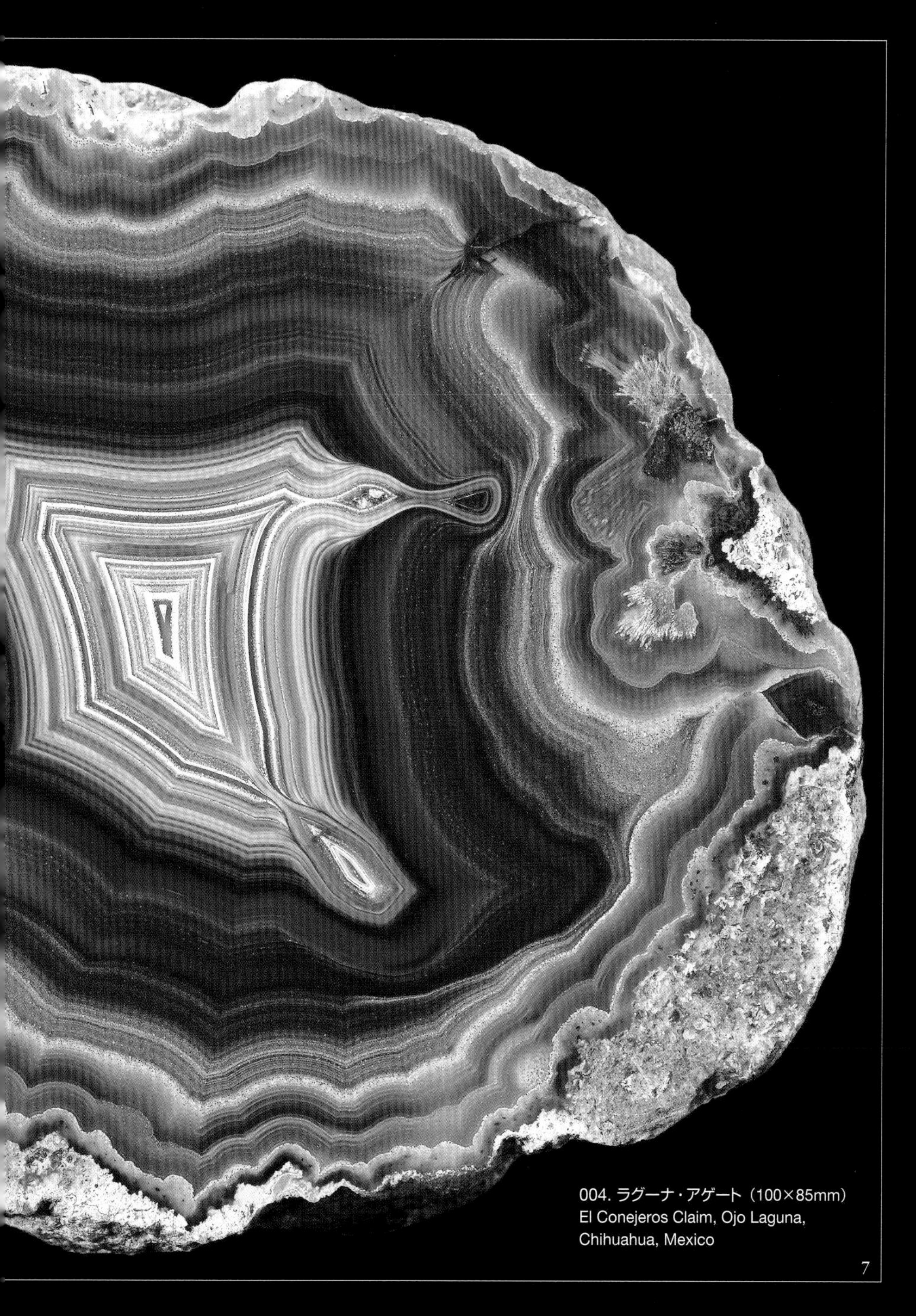

004. ラグーナ・アゲート（100×85mm）
El Conejeros Claim, Ojo Laguna,
Chihuahua, Mexico

005. ラグーナ・アゲート（100×80mm）
Ojo Laguna,
Chihuahua, Mexico

Mexico
メキシコ

メキシコ最北部のチワワ州、ソノラ州は美しいアゲートの宝庫だ。
とくにチワワ産の縞模様のアゲートは、色彩豊かで縞目の曲線も優美な
最高品質のものとして広く知られている。
オホ・ラグーナ、アグアヌエバ、コヤミト、モクテスマ、アパッチといった産地があり、
それぞれに色彩、構造に特徴がある。
すでに採り尽くされた産地が多いが、新しい産地も開発されている。

006. ラグーナ・アゲート（88×77mm）
Ojo Laguna,
Chihuahua, Mexico

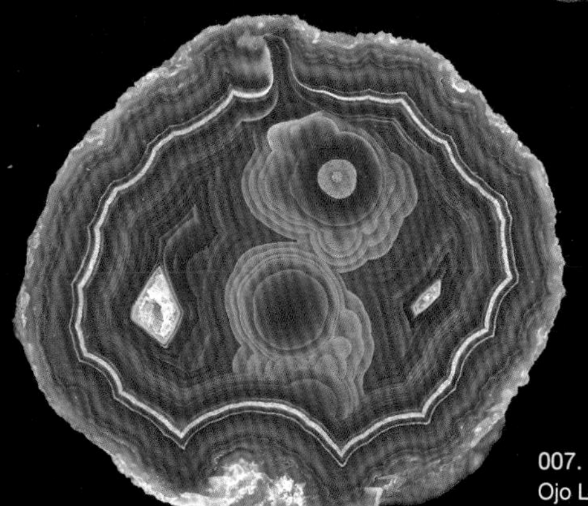

007. ラグーナ・アゲート（60×53mm）
Ojo Laguna,
Chihuahua, Mexico

008. ラグーナ・アゲート（68×72mm）
Ojo Laguna,
Chihuahua, Mexico

009. ラグーナ・アゲート（83×53mm）
Ojo Laguna,
Chihuahua, Mexico

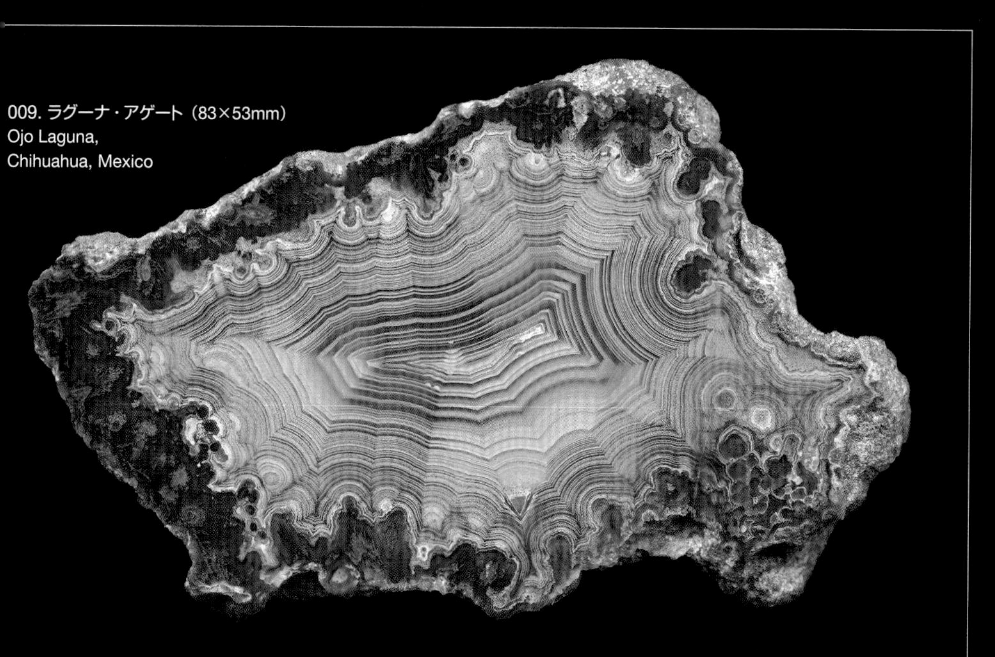

010. ラグーナ・アゲート（91×58mm）
El Arcoiris Deposit,
Ojo Laguna,
Chihuahua, Mexico

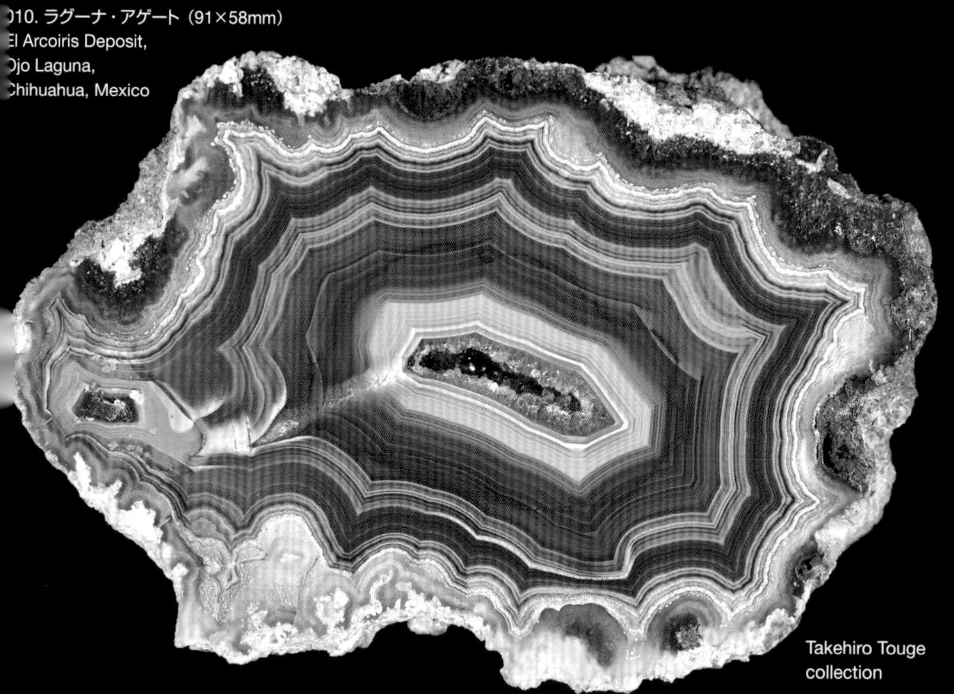

Takehiro Touge collection

011. ラグーナ・アゲート（83×55mm）
El Arcoiris Deposit, Ojo Laguna, Chihuahua, Mexico

Takehiro Touge collection

012. ラグーナ・アゲート
（140×110mm）
Ojo Laguna, Chihuahua, Mexico

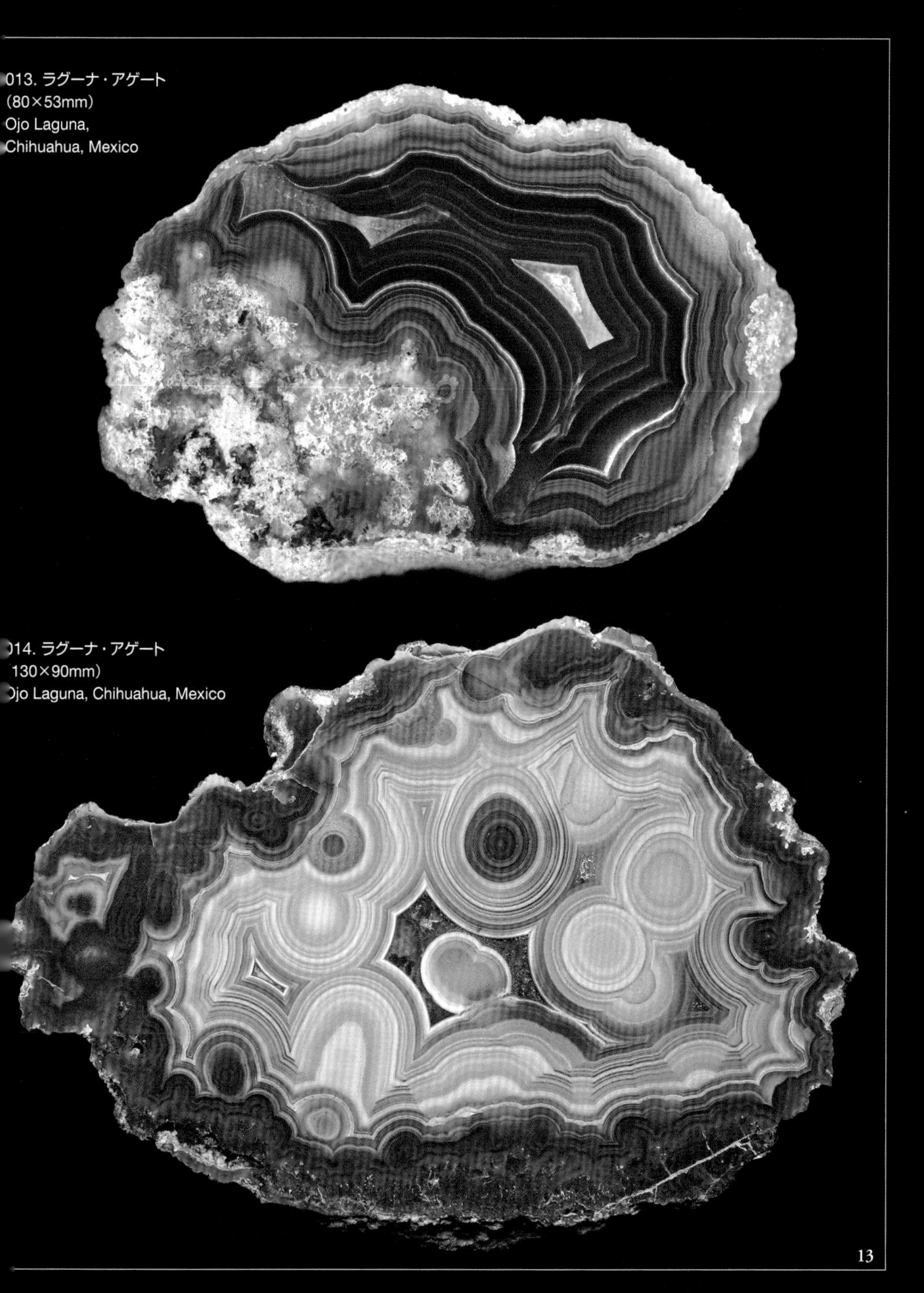

013. ラグーナ・アゲート
(80×53mm)
Ojo Laguna,
Chihuahua, Mexico

014. ラグーナ・アゲート
(130×90mm)
Ojo Laguna, Chihuahua, Mexico

015. ラグーナ・アゲート（100×90mm）
El Conejeros Claim, Ojo Laguna,
Chihuahua, Mexico

Hannes Holzmann collection

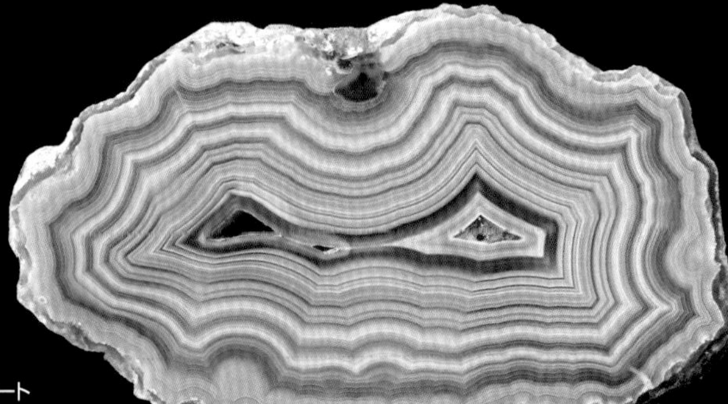

016. ラグーナ・アゲート
（82×50mm）
Alianza Claim, Ojo Laguna,
Chihuahua, Mexico

Hannes Holzmann collection

17. ラグーナ・アゲート（105×105mm）
l Conejeros Claim, Ojo Laguna,
hihuahua, Mexico

annes Holzmann collection

18. ラグーナ・アゲート
6×35mm）
jo Laguna,
ihuahua, Mexico

019. ラグーナ・アゲート（100×90mm）
Ojo Laguna, Chihuahua,
Mexico

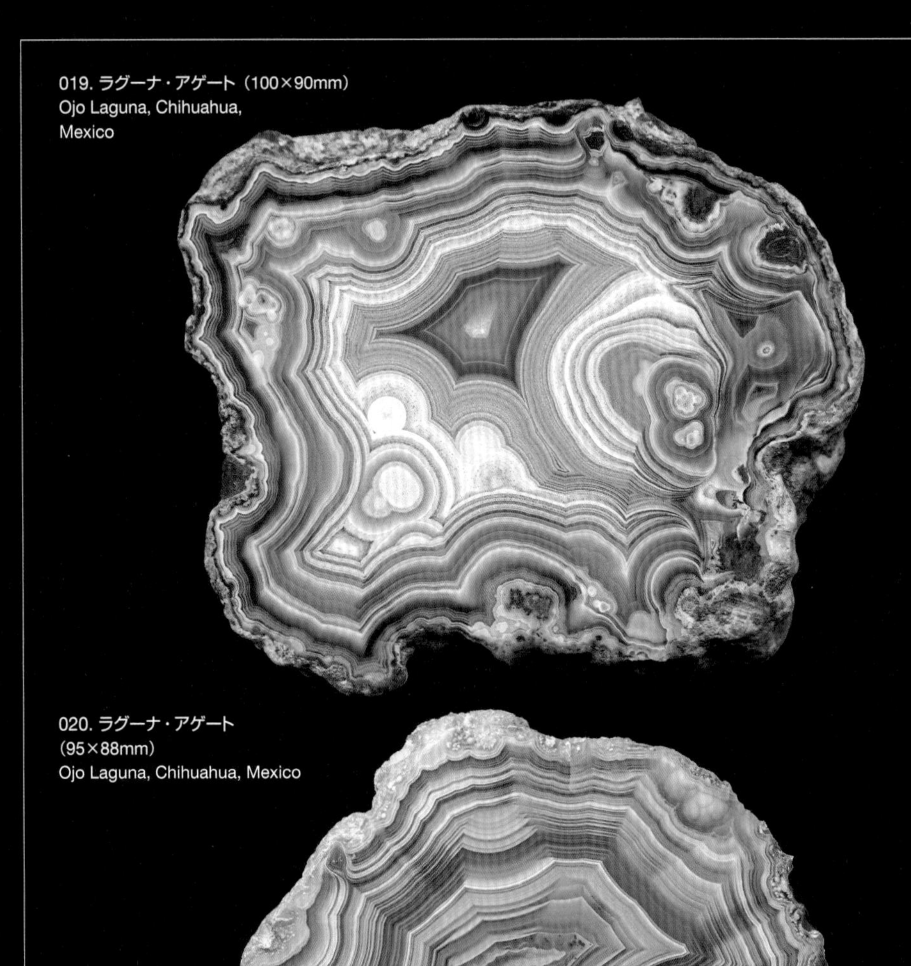

020. ラグーナ・アゲート
（95×88mm）
Ojo Laguna, Chihuahua, Mexico

021. ラグーナ・アゲート
(140×90mm)
Ojo Laguna, Chihuahua, Mexico

22. ラグーナ・アゲート
140×110mm)
Ojo Laguna, Chihuahua, Mexico

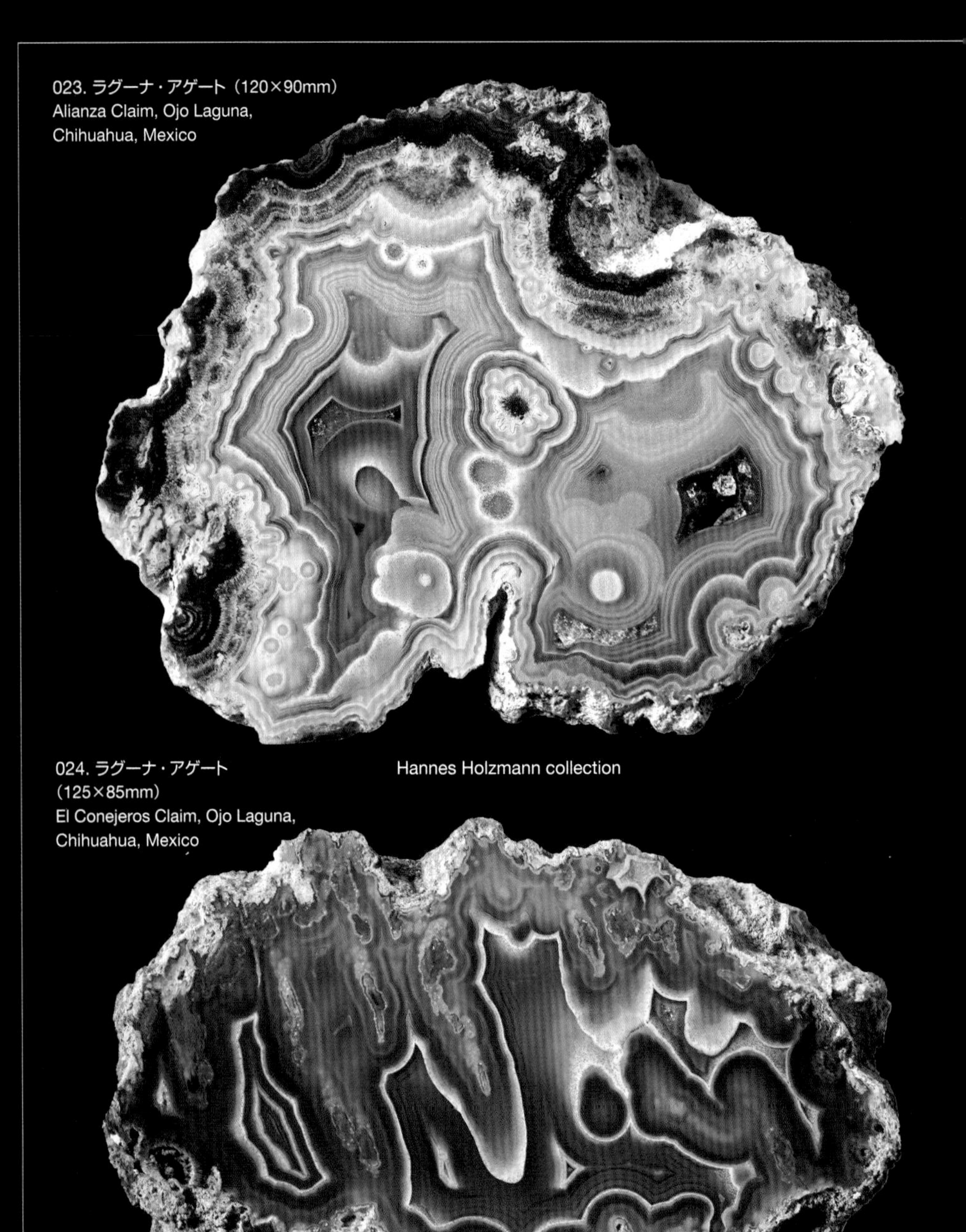

023. ラグーナ・アゲート（120×90mm）
Alianza Claim, Ojo Laguna,
Chihuahua, Mexico

Hannes Holzmann collection

024. ラグーナ・アゲート
（125×85mm）
El Conejeros Claim, Ojo Laguna,
Chihuahua, Mexico

Hannes Holzmann collection

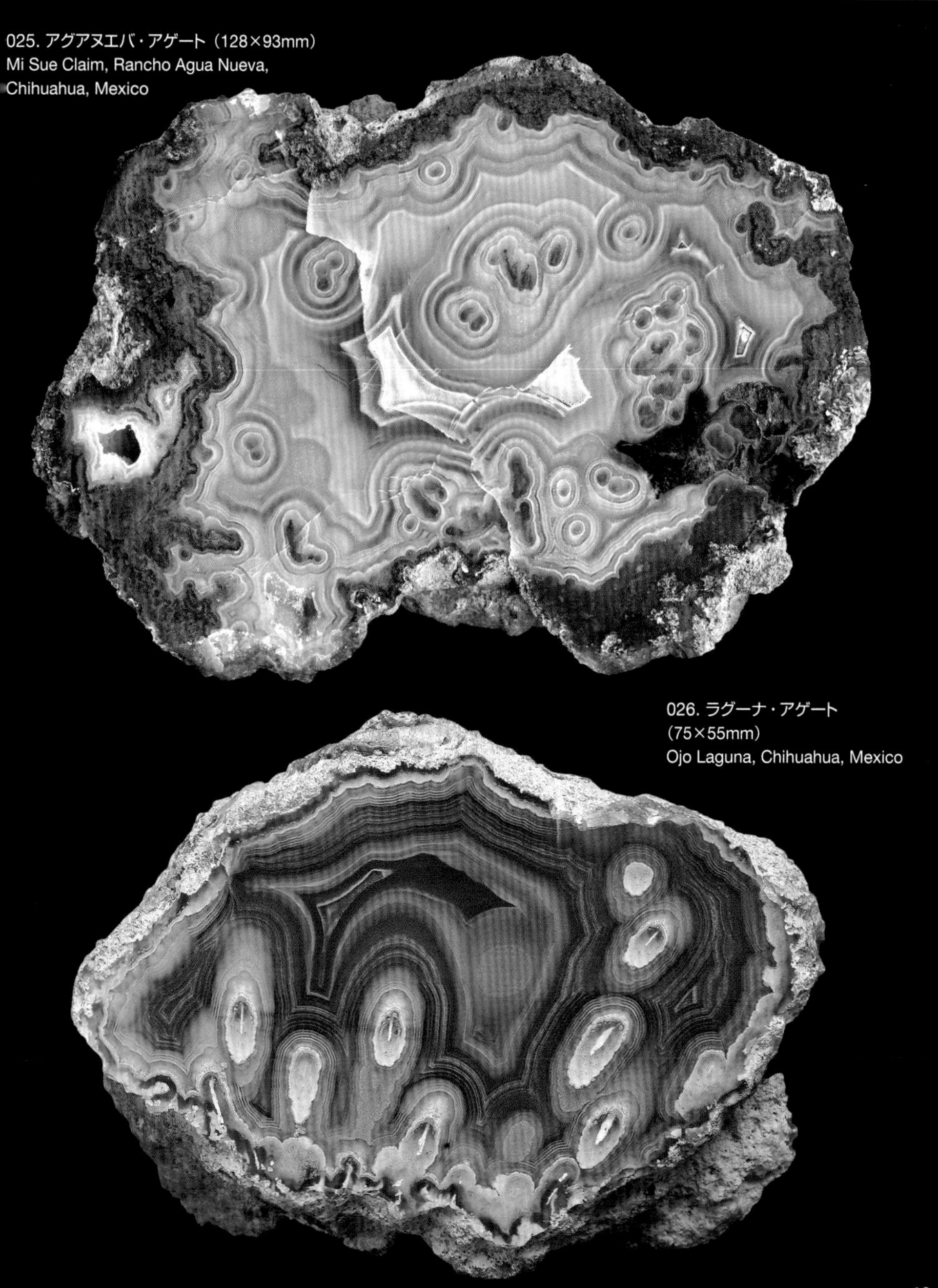

025. アグアヌエバ・アゲート（128×93mm）
Mi Sue Claim, Rancho Agua Nueva,
Chihuahua, Mexico

026. ラグーナ・アゲート
（75×55mm）
Ojo Laguna, Chihuahua, Mexico

027. ラグーナ・アゲート
（98×52mm）
Ojo Laguna, Chihuahua, Mexico

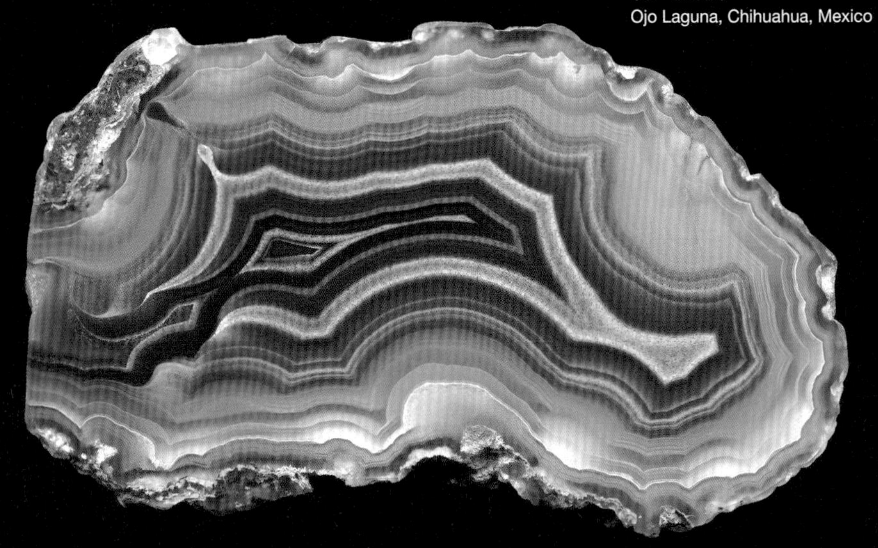

028. ラグーナ・アゲート
（105×68mm）
Ojo Laguna, Chihuahua, Mexico

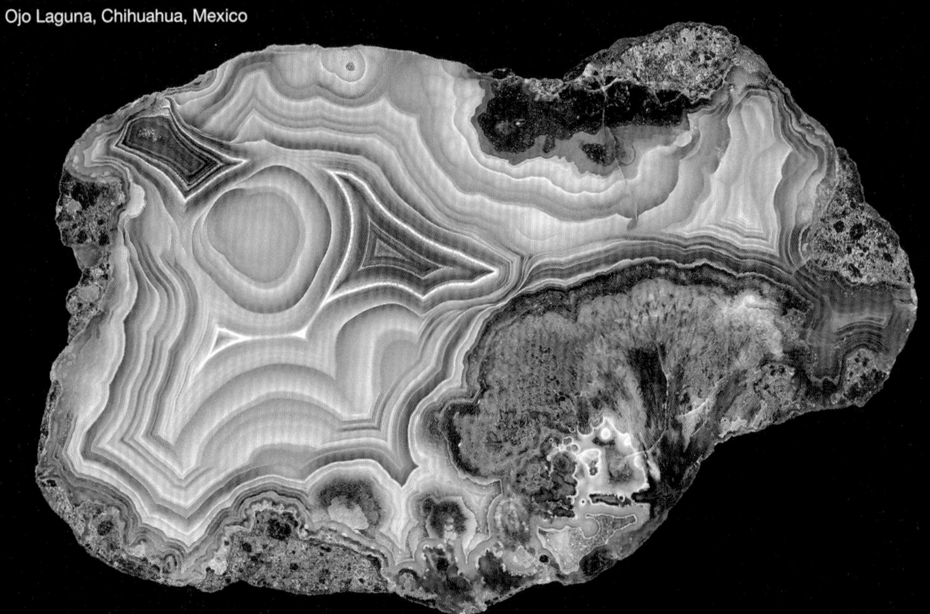

029. ラグーナ・アゲート
（85×70mm）
Ojo Laguna, Chihuahua, Mexico

030. ラグーナ・アゲート
（90×73mm）
Alianza Claim, Ojo Laguna,
Chihuahua, Mexico

Hannes Holzmann
collection

031. モクテスマ・アゲート（71×55mm）
Estacion Moctezuma,
Chihuahua, Mexico

Hannes Holzmann
collection

032. ラグーナ・アゲート
（80×65mm）
Ojo Laguna, Chihuahua, Mexico

033. ラグーナ・アゲート
(70×40mm)
Ojo Laguna, Chihuahua, Mexico

034. ラグーナ・アゲート
(135×95mm)
Ojo Laguna,
Chihuahua, Mexico

035. コヤミト・アゲート
(63×67mm)
Rancho Coyamito,
Chihuahua, Mexico

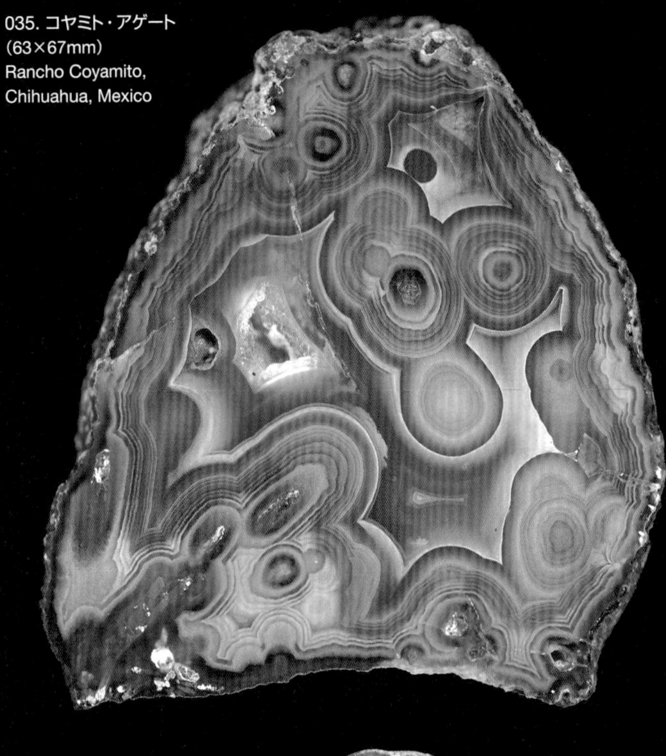

Rancho Coyamito産のコヤミト・アゲートは、ラグーナと同様、カラフルな縞模様のアゲートだが、あられ石の仮晶を含むものが多いのが特徴だ。あられ石の棒状の結晶が出来たあとに、それを取り囲むようにしたアゲートの塊が形成され、あられ石の結晶が風化して消えた後、さらにそれを鋳型のようにしてアゲートができる、という複雑な構造のものがある。

036. コヤミト・アゲート
(50×40mm)
Rancho Coyamito, Chihuahua, Mexico　　Albert Russ collection

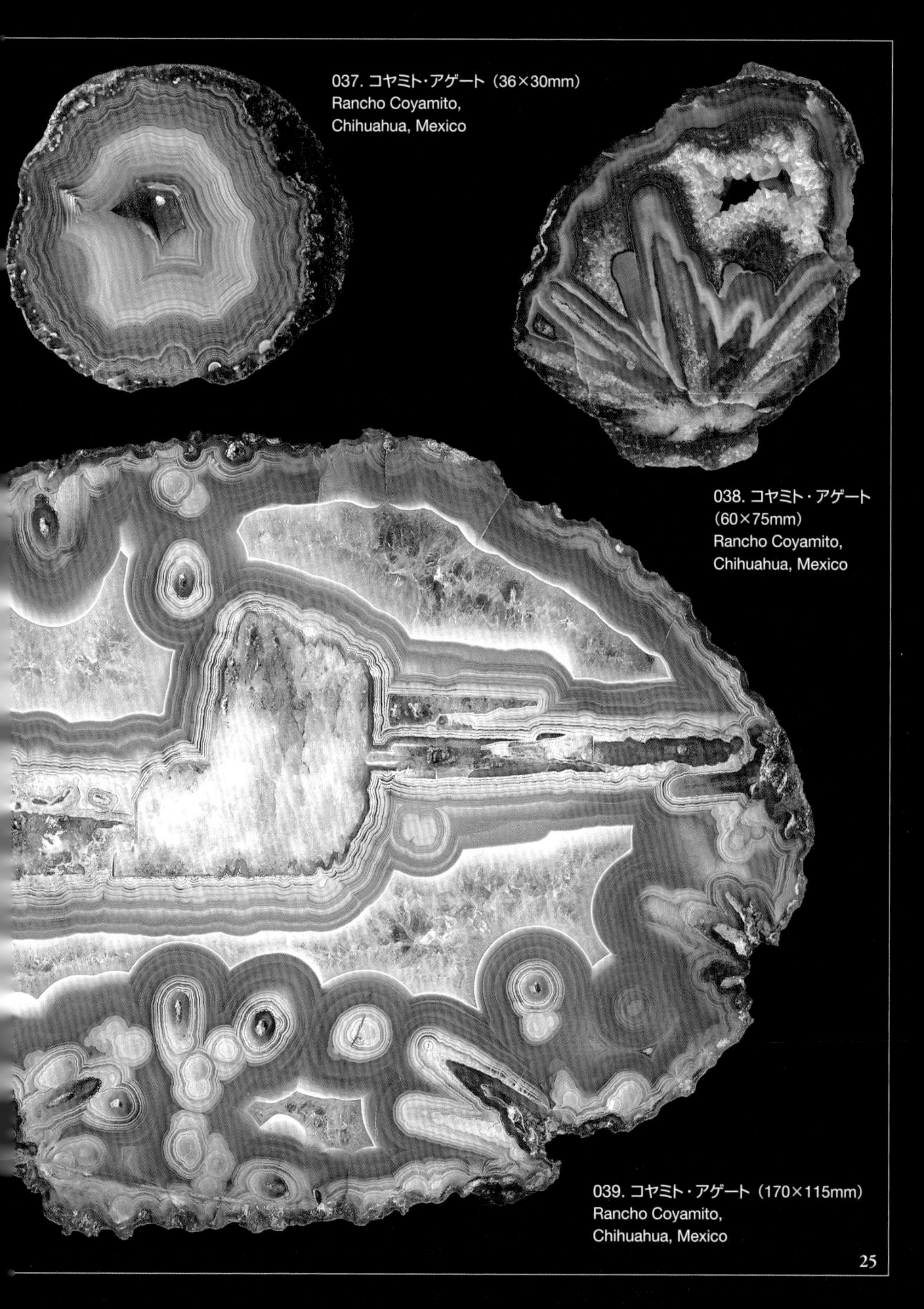

037. コヤミト･アゲート（36×30mm）
Rancho Coyamito,
Chihuahua, Mexico

038. コヤミト・アゲート
（60×75mm）
Rancho Coyamito,
Chihuahua, Mexico

039. コヤミト・アゲート（170×115mm）
Rancho Coyamito,
Chihuahua, Mexico

040. アグアヌエバ・アゲート
(95×63mm)
Rancho Agua Nueva,
Chihuahua, Mexico

Rancho Agua Nueva産のアグアヌエバ・アゲートは、赤紫系の色味が特徴のアゲートだ。細かい繊維状、またはコケのような姿の金属の含有物を含むものも多い。母岩の亀裂に大きく脈状に生成したものと、団塊状のものとある。

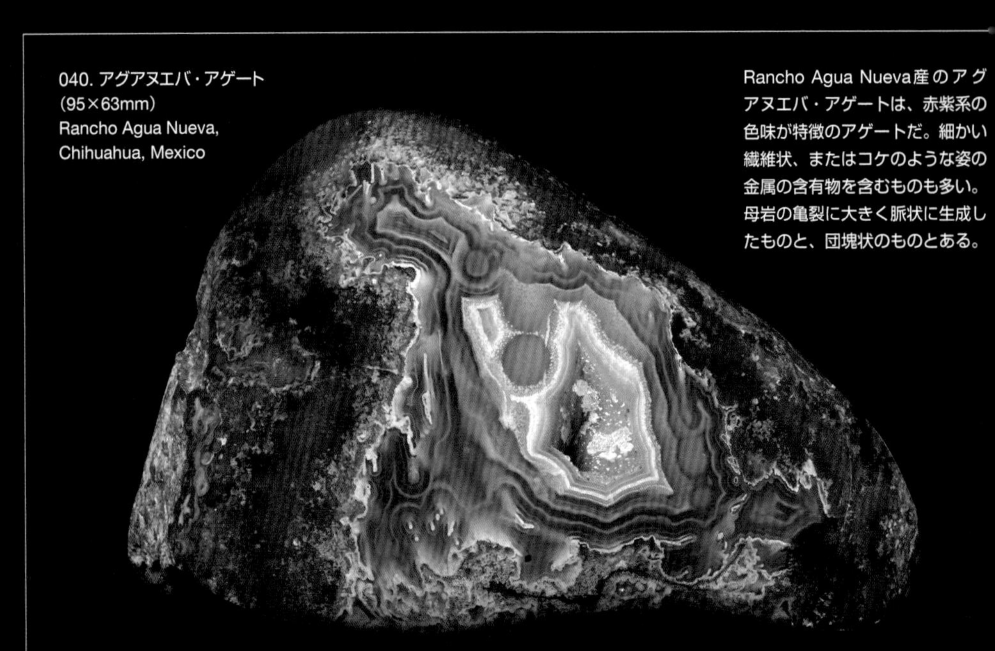

041. アグアヌエバ・アゲート
(135×80mm)
Rancho Agua Nueva,
Chihuahua, Mexico

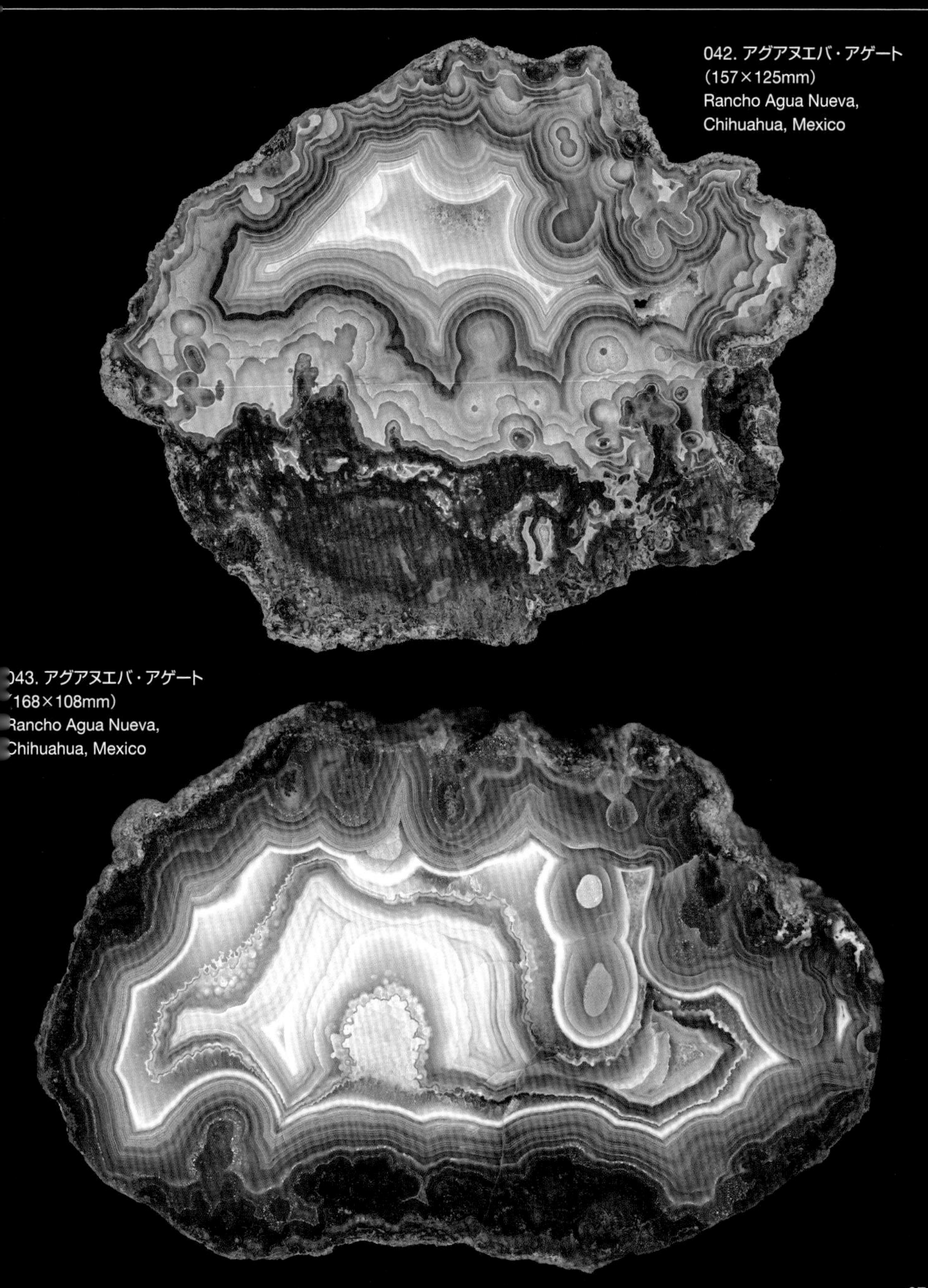

042. アグアヌエバ・アゲート
（157×125mm）
Rancho Agua Nueva,
Chihuahua, Mexico

043. アグアヌエバ・アゲート
（168×108mm）
Rancho Agua Nueva,
Chihuahua, Mexico

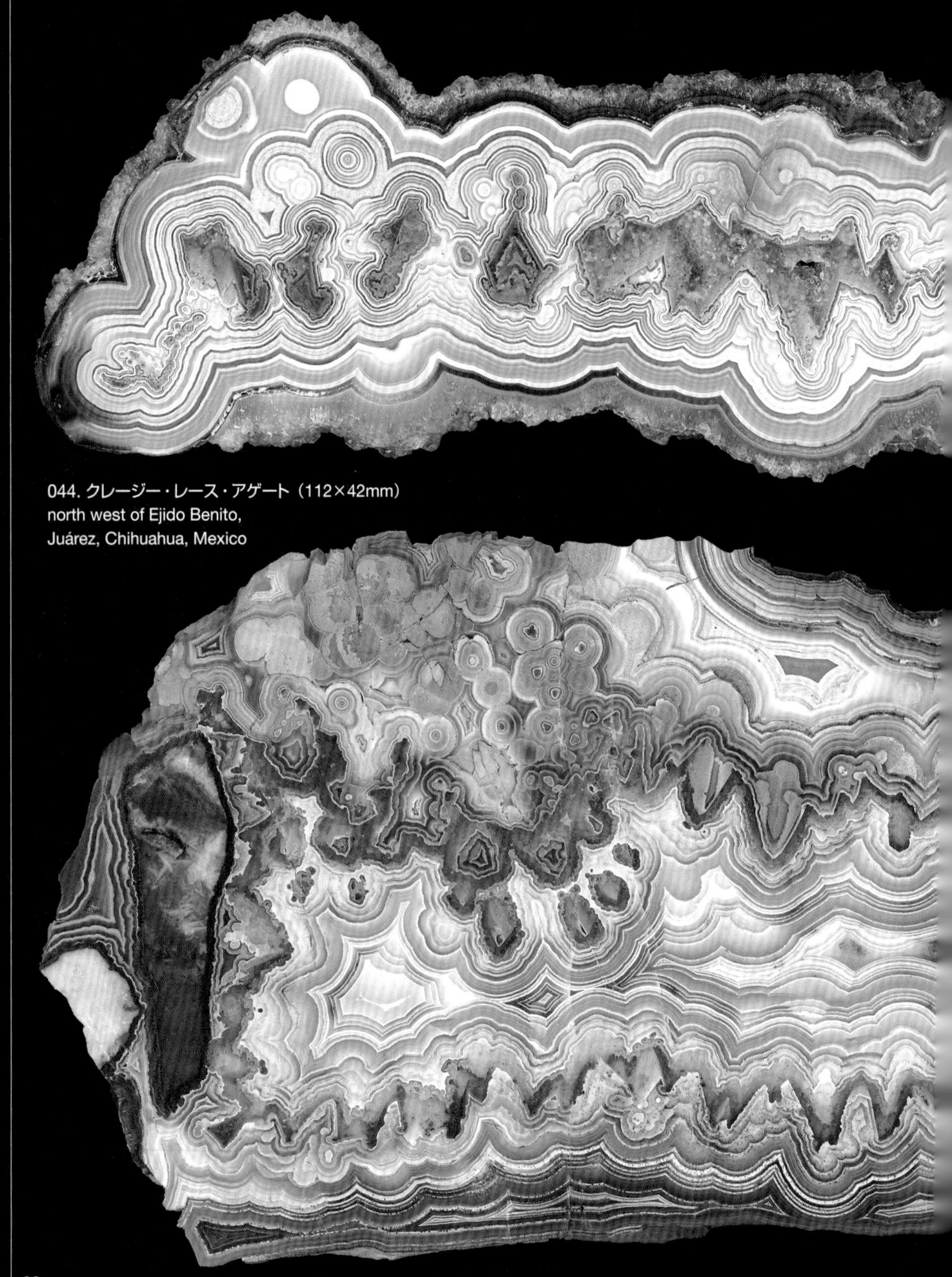

044. クレージー・レース・アゲート（112×42mm）
north west of Ejido Benito,
Juárez, Chihuahua, Mexico

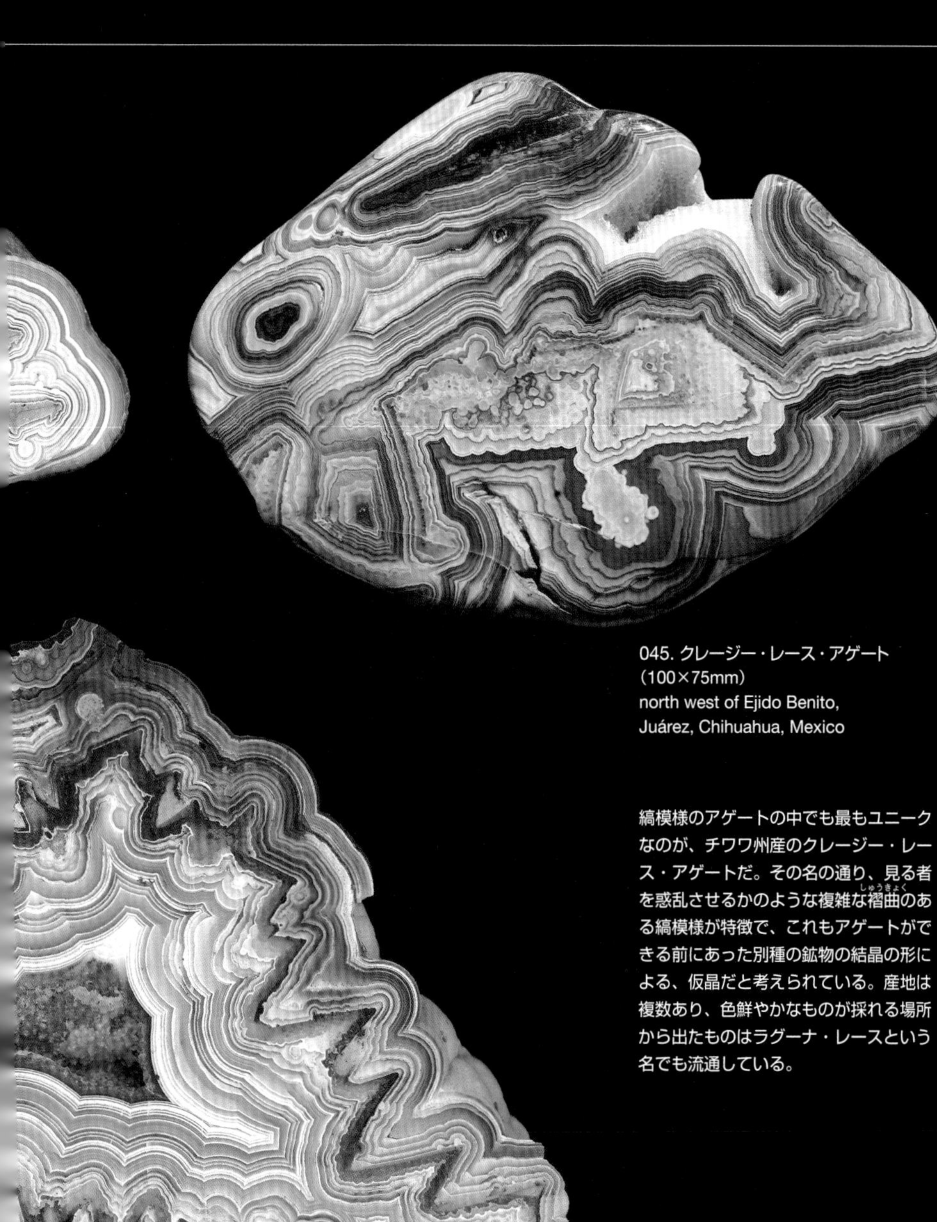

045. クレージー・レース・アゲート
(100×75mm)
north west of Ejido Benito,
Juárez, Chihuahua, Mexico

縞模様のアゲートの中でも最もユニークなのが、チワワ州産のクレージー・レース・アゲートだ。その名の通り、見る者を惑乱させるかのような複雑な褶曲(しゅうきょく)のある縞模様が特徴で、これもアゲートができる前にあった別種の鉱物の結晶の形による、仮晶だと考えられている。産地は複数あり、色鮮やかなものが採れる場所から出たものはラグーナ・レースという名でも流通している。

046. クレージー・レース・アゲート
(123×54mm)
north west of Ejido Benito,
Juárez, Chihuahua, Mexico

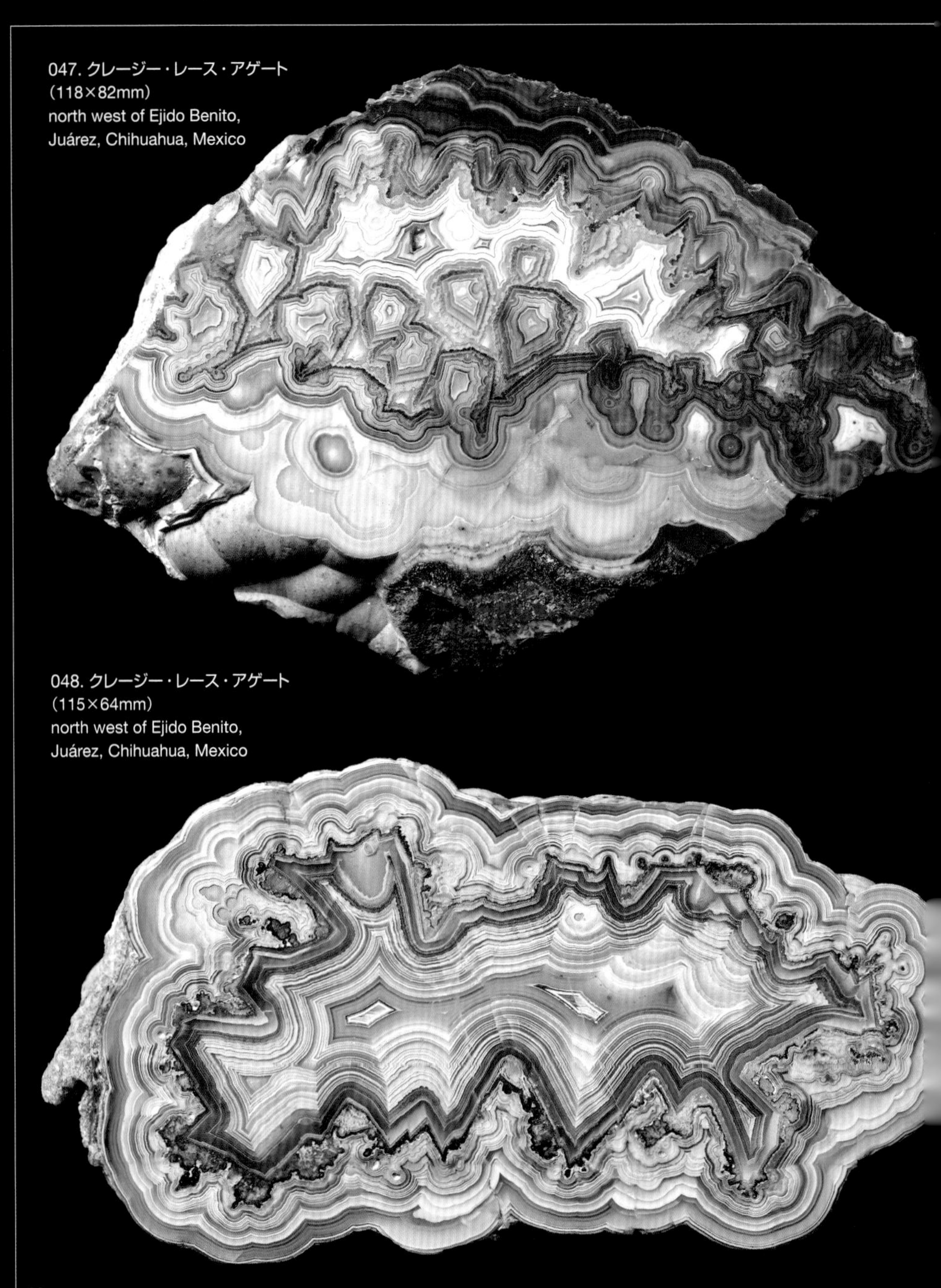

047. クレージー・レース・アゲート
（118×82mm）
north west of Ejido Benito,
Juárez, Chihuahua, Mexico

048. クレージー・レース・アゲート
（115×64mm）
north west of Ejido Benito,
Juárez, Chihuahua, Mexico

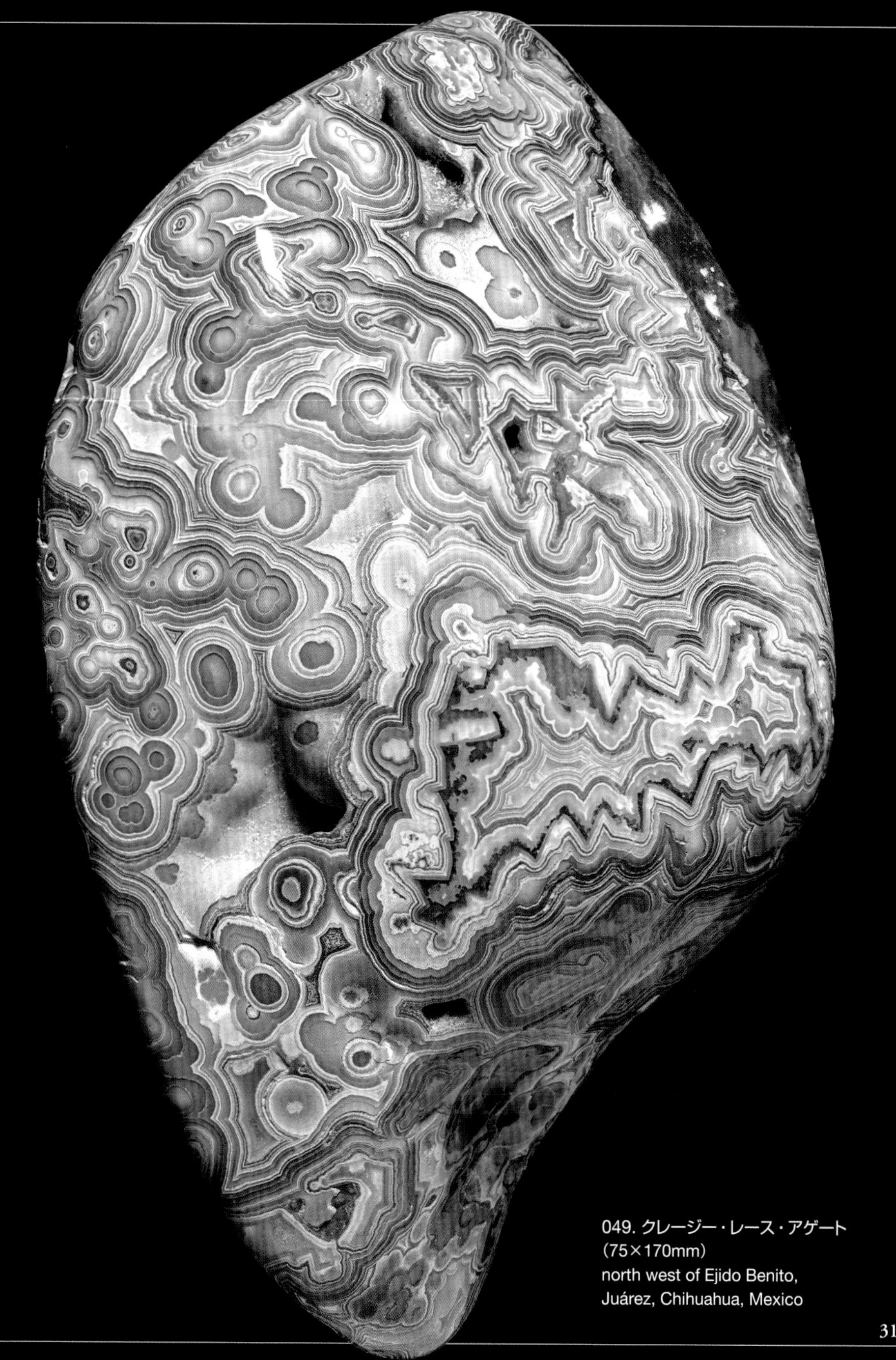

049. クレージー・レース・アゲート
(75×170mm)
north west of Ejido Benito,
Juárez, Chihuahua, Mexico

United States
アメリカ合衆国

米国は活発な火山活動が生んだアゲートやジャスパーなどの、
石英系の半貴石の産地がとても多い。
趣味のアクセサリー作りの材料としても人気があり、
縞模様のアゲートは安価な宝石として、
さまざまな用途に供給されてきた。
スペリオール湖沿岸など、
地表で採取できる場所も多い。
数多い産地の中から、
いくつか厳選して紹介する。

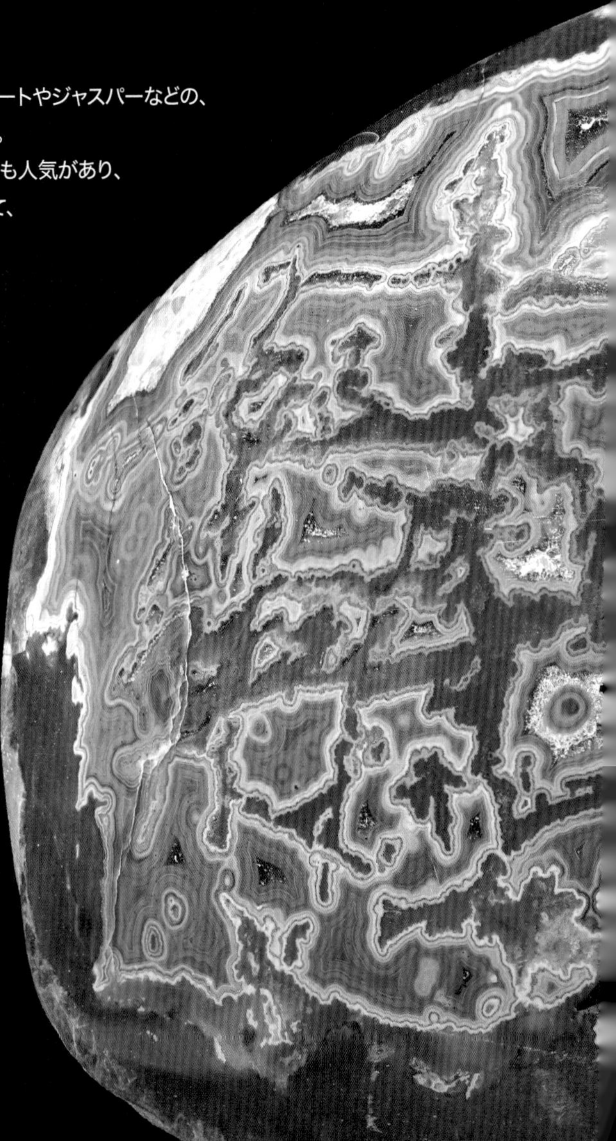

モンタナ州南部、ビッグホーン・キャニオン近くで採れるドライヘッド・アゲートは、米国の代表的な縞模様のアゲートのひとつだ。堆積岩中に生成したもので、赤、オレンジ、ピンクなど、明るい暖色系の縞模様に白いラインがアクセントを加えている。

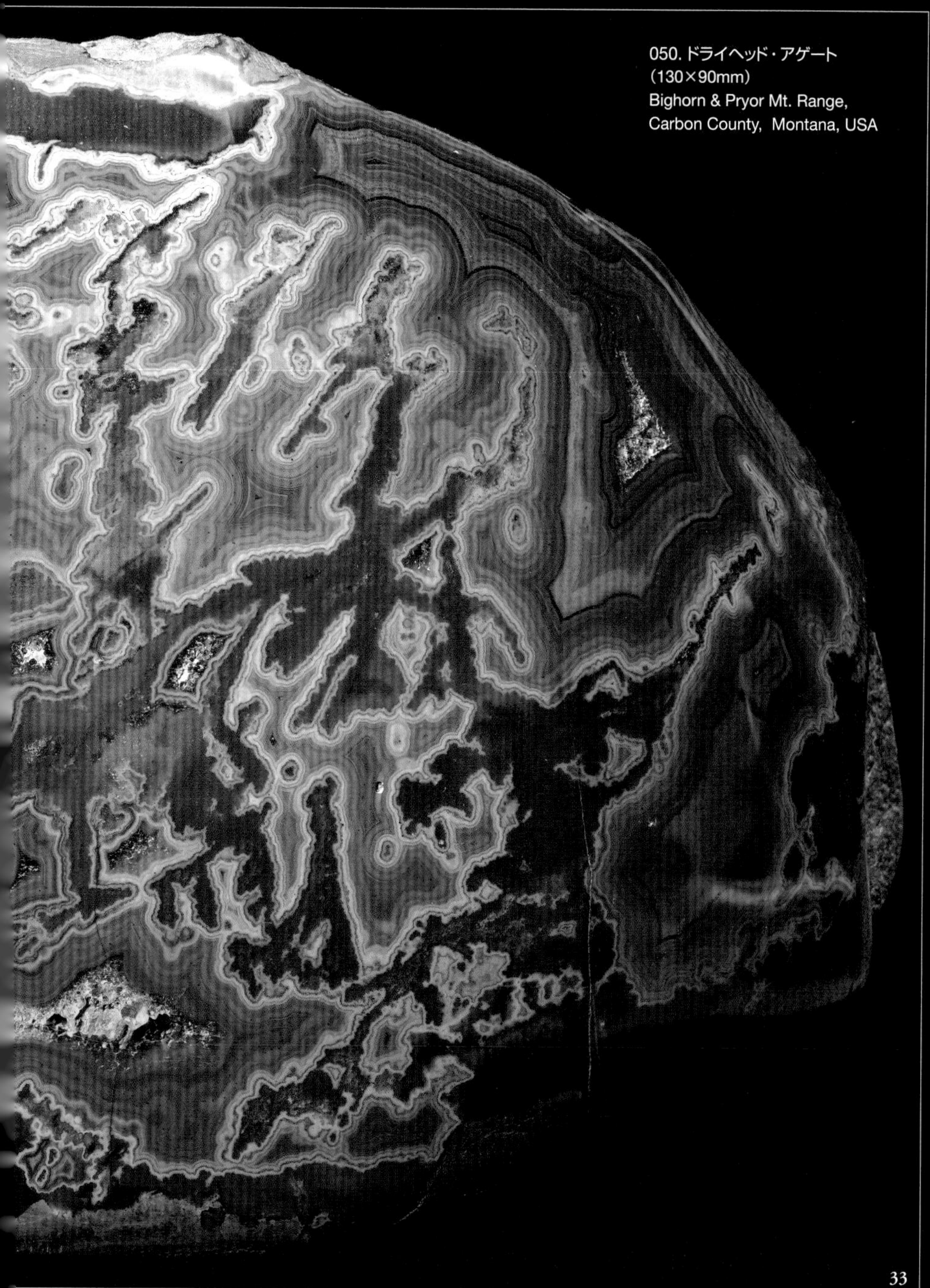

050. ドライヘッド・アゲート
（130×90mm）
Bighorn & Pryor Mt. Range,
Carbon County, Montana, USA

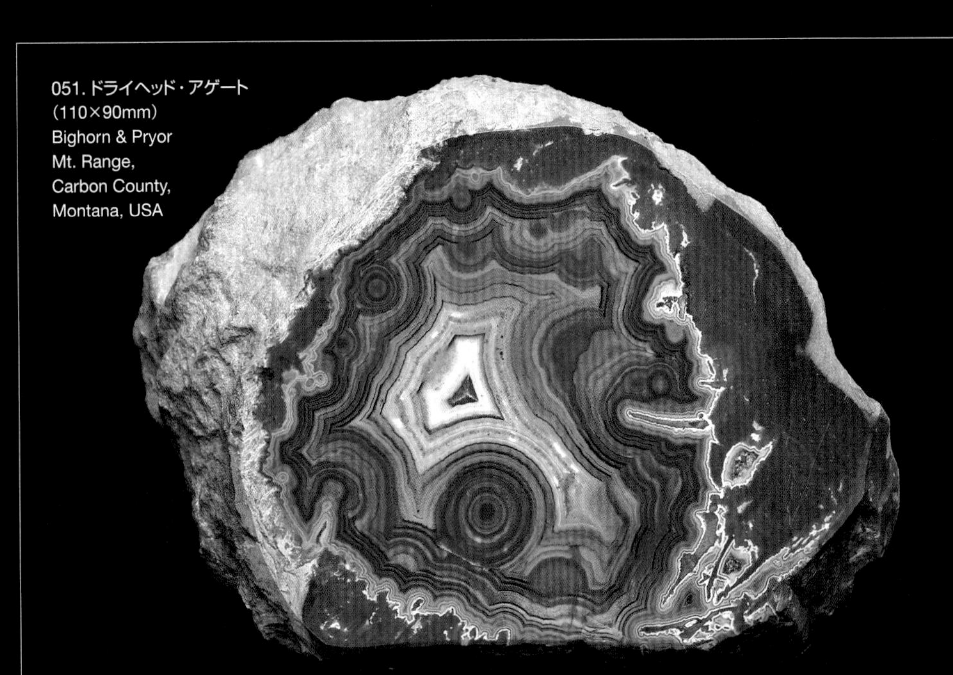

051. ドライヘッド・アゲート
（110×90mm）
Bighorn & Pryor
Mt. Range,
Carbon County,
Montana, USA

052. ドライヘッド・アゲート
（120×95mm）
Bighorn & Pryor Mt. Range
Carbon County, Montana,
USA

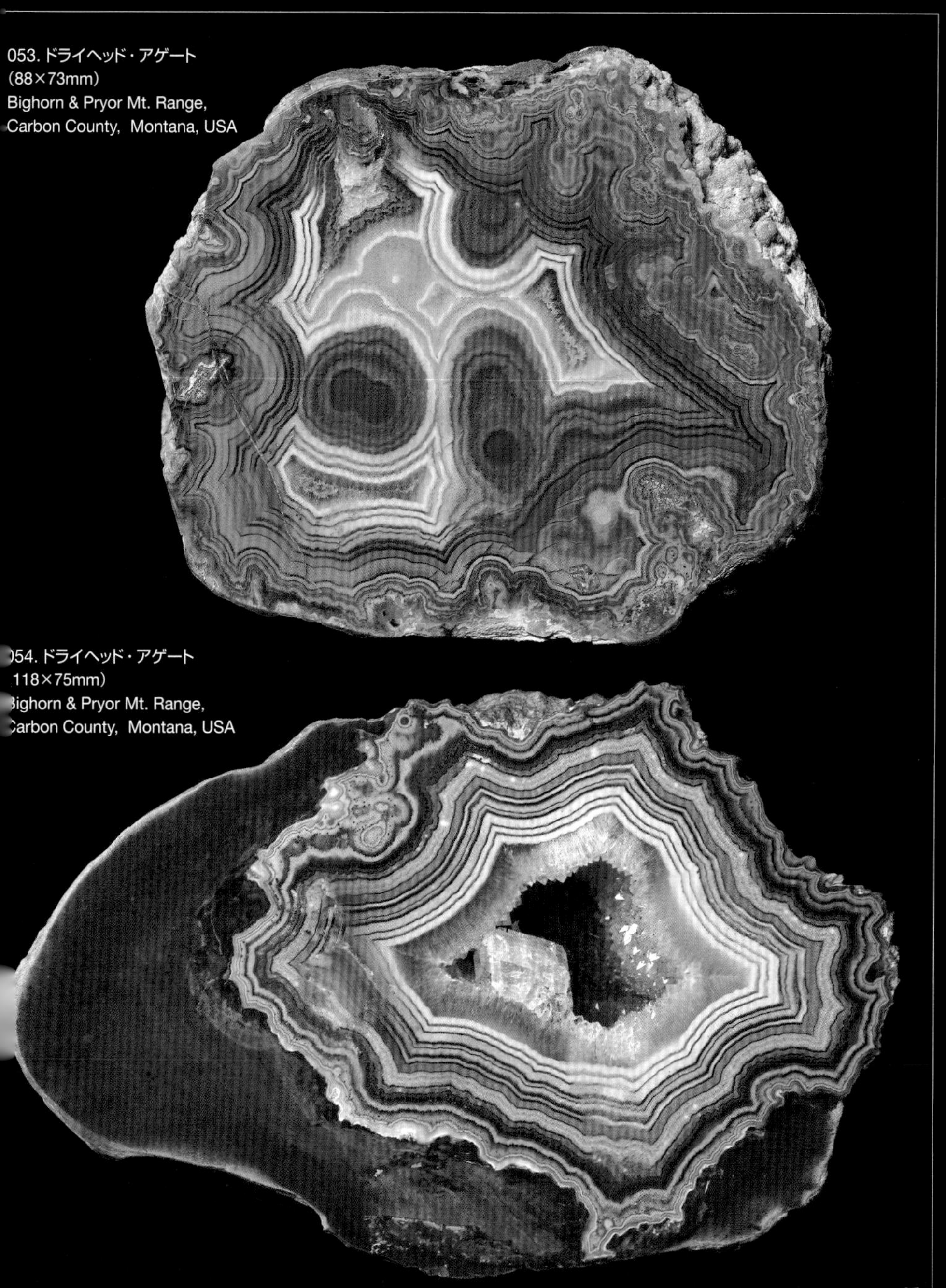

053. ドライヘッド・アゲート
（88×73mm）
Bighorn & Pryor Mt. Range,
Carbon County, Montana, USA

054. ドライヘッド・アゲート
（118×75mm）
Bighorn & Pryor Mt. Range,
Carbon County, Montana, USA

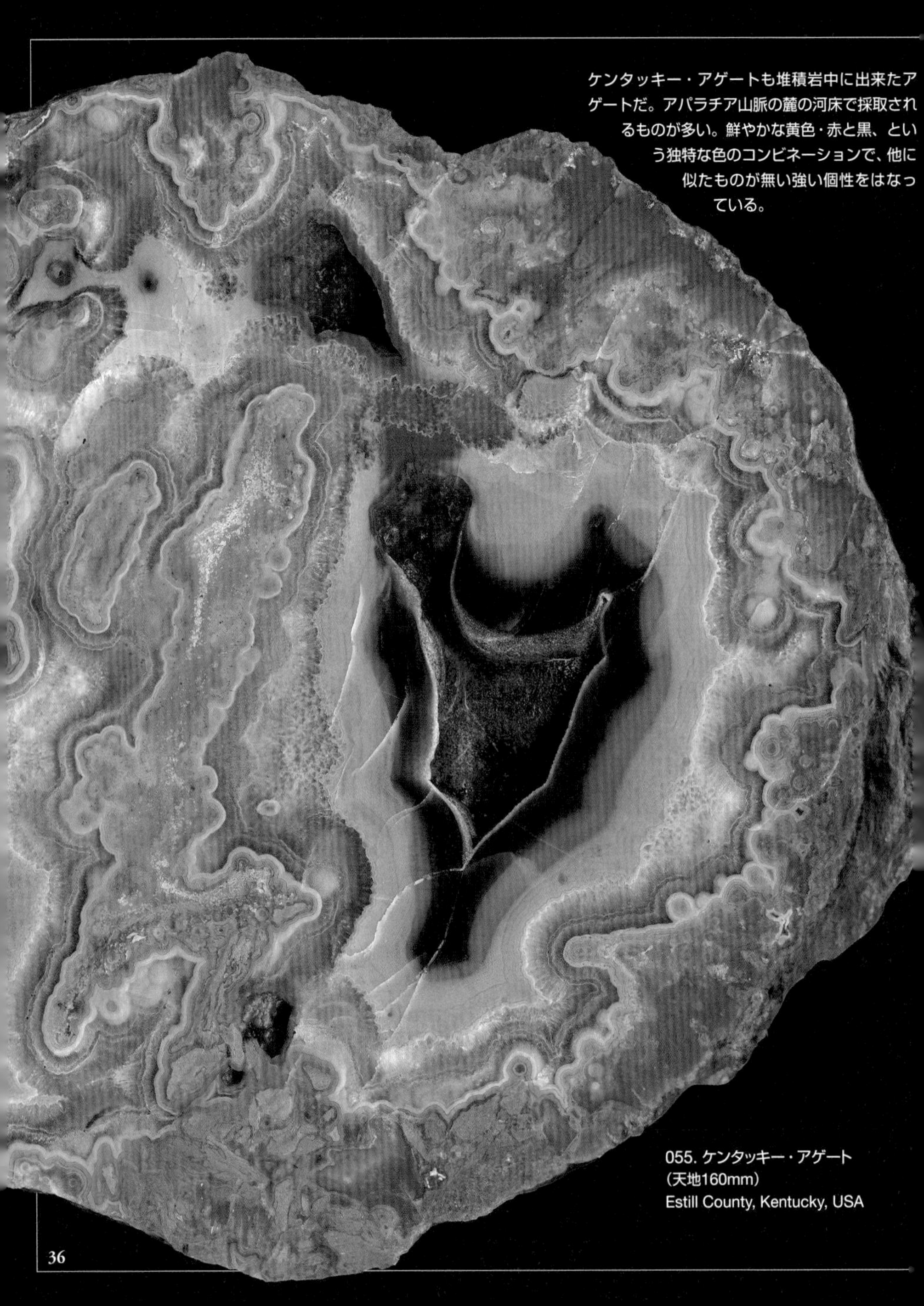

ケンタッキー・アゲートも堆積岩中に出来たアゲートだ。アパラチア山脈の麓の河床で採取されるものが多い。鮮やかな黄色・赤と黒、という独特な色のコンビネーションで、他に似たものが無い強い個性をはなっている。

055. ケンタッキー・アゲート
（天地160mm）
Estill County, Kentucky, USA

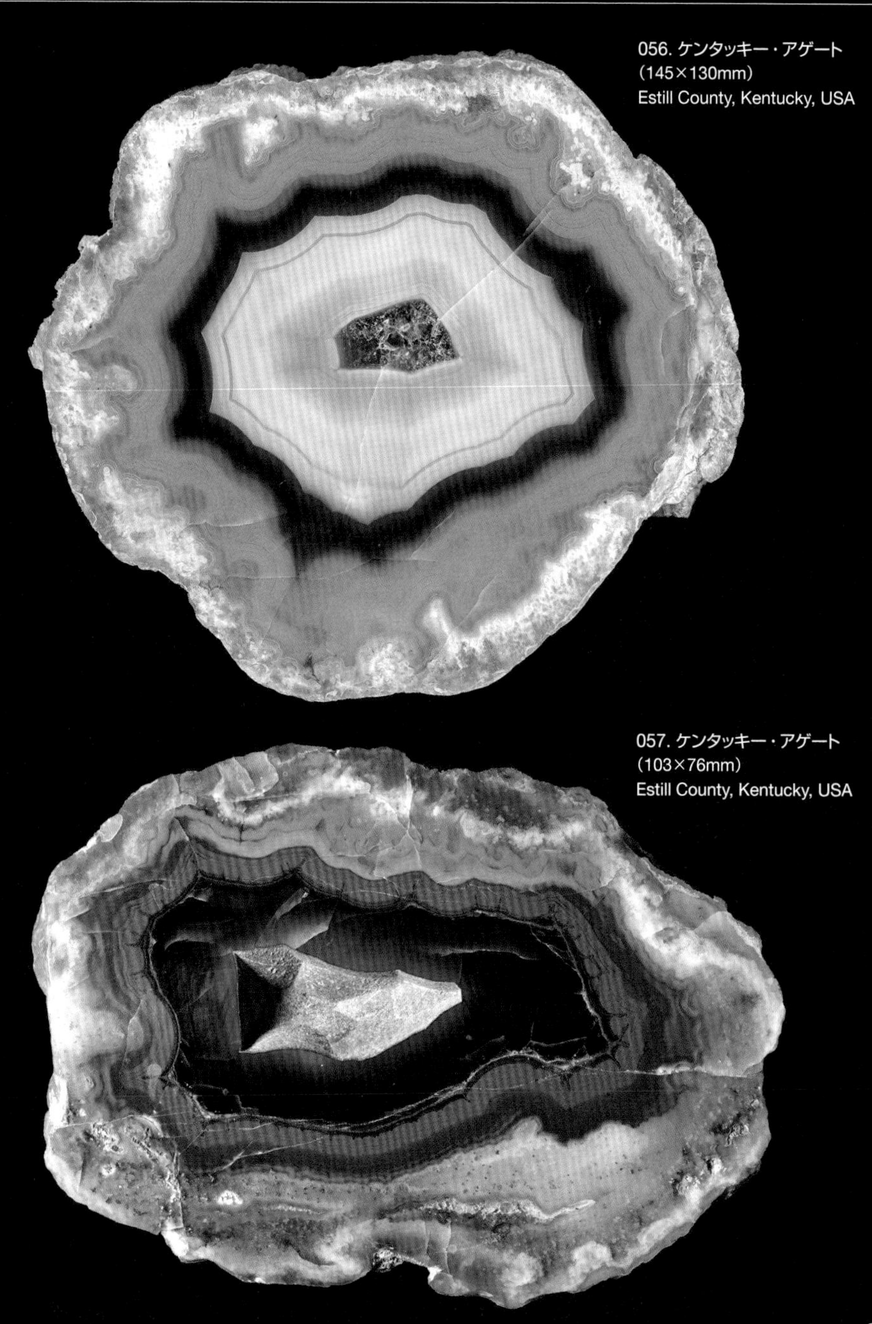

056. ケンタッキー・アゲート
(145×130mm)
Estill County, Kentucky, USA

057. ケンタッキー・アゲート
(103×76mm)
Estill County, Kentucky, USA

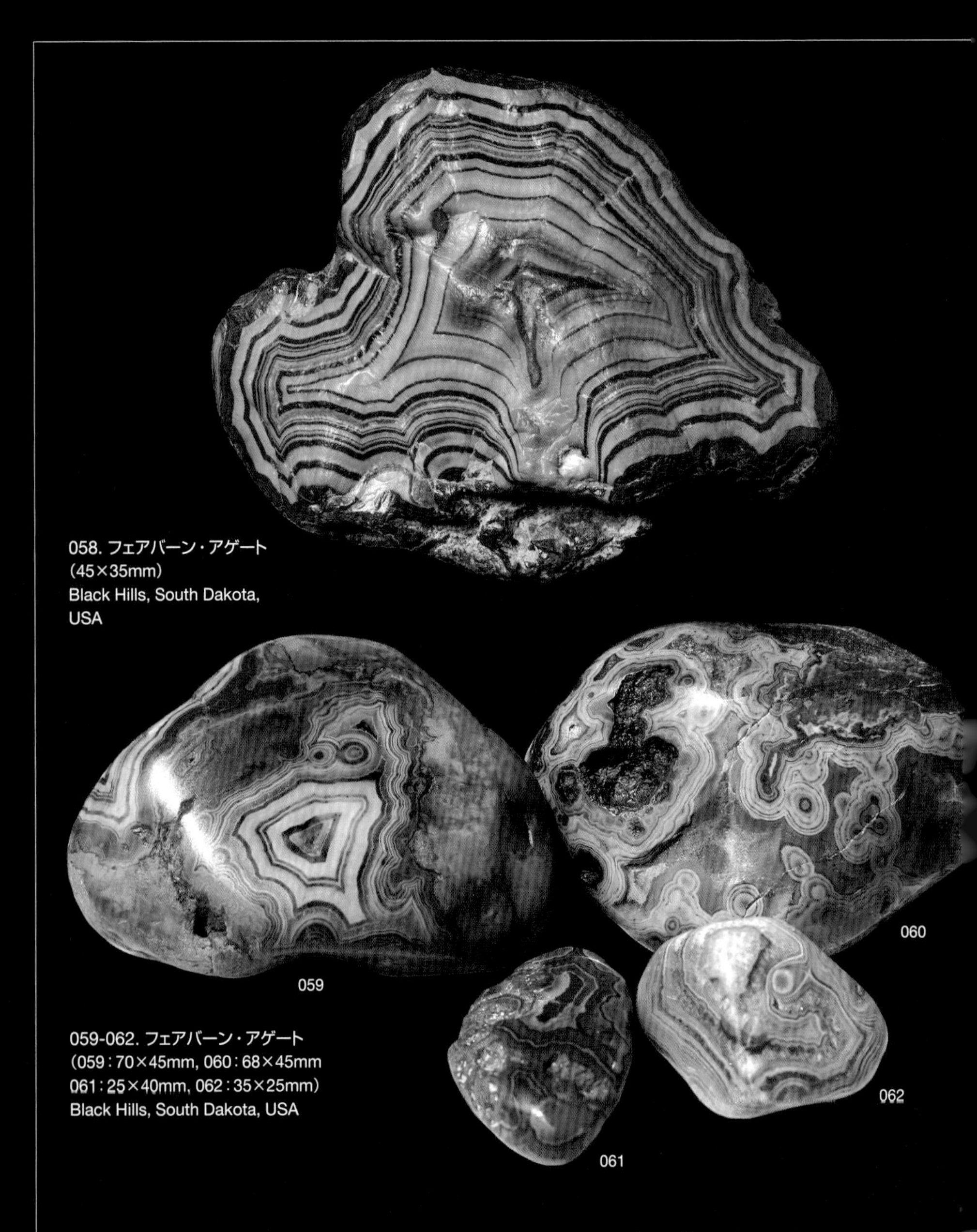

058. フェアバーン・アゲート
（45×35mm）
Black Hills, South Dakota,
USA

059-062. フェアバーン・アゲート
（059：70×45mm, 060：68×45mm
061：25×40mm, 062：35×25mm）
Black Hills, South Dakota, USA

米国で最も美しい縞模様のアゲートと言われてきたのが、フェアバーン・アゲートだ。サウス・ダコタ州のブラック・ヒルズの東側から、ネブラスカ州北西部にまたがる荒れ地・バッドランズに散乱しているものが地表採取されている。然に削られ、磨かれた表面は独特のなめらかな風合いで、とピンク色といった珍しいカラーコンビネーションもある。

米国とカナダにまたがるスペリオール湖の沿岸もアゲートが採取できる場所として有名だ。赤と白の縞のコンビネーションは「キャンディー・ストライプ」とも呼ばれる。自然に削れ、磨かれたものを加工せずに楽しむ人が多い。

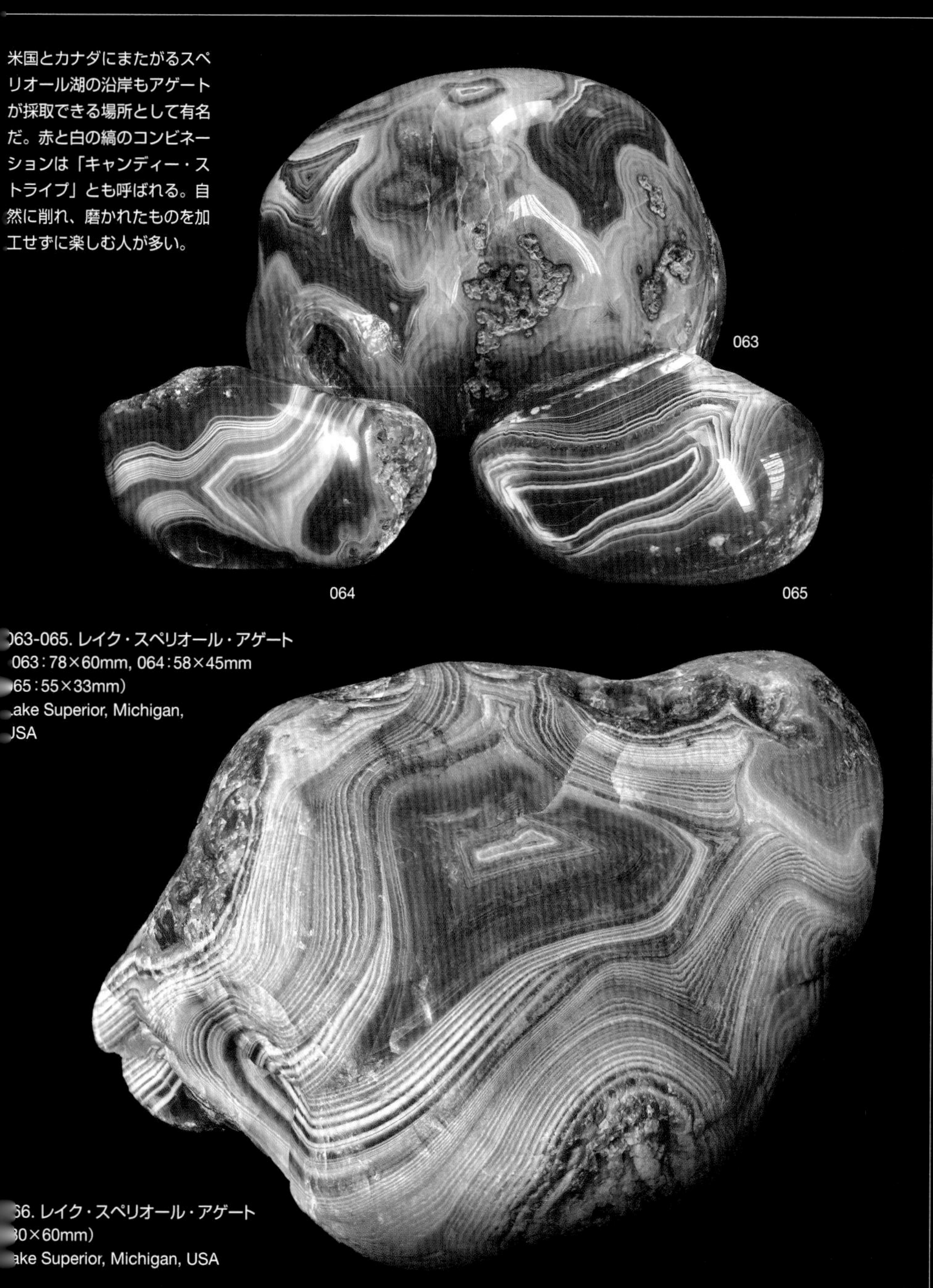

063-065. レイク・スペリオール・アゲート
（063：78×60mm, 064：58×45mm
065：55×33mm）
Lake Superior, Michigan,
USA

066. レイク・スペリオール・アゲート
（80×60mm）
Lake Superior, Michigan, USA

南米のアゲート

南米には圧倒的な産出量を誇ったブラジルの他、
隣国のウルグアイ、アルゼンチン、ペルー、コロンビアなど、
アゲートの産地が非常に多い。
特に、アルゼンチン産のアゲートは、カラフルで縞模様も美しく、
稀少で手に入りにくいメキシコ産に代わって市場をにぎわしてきた。

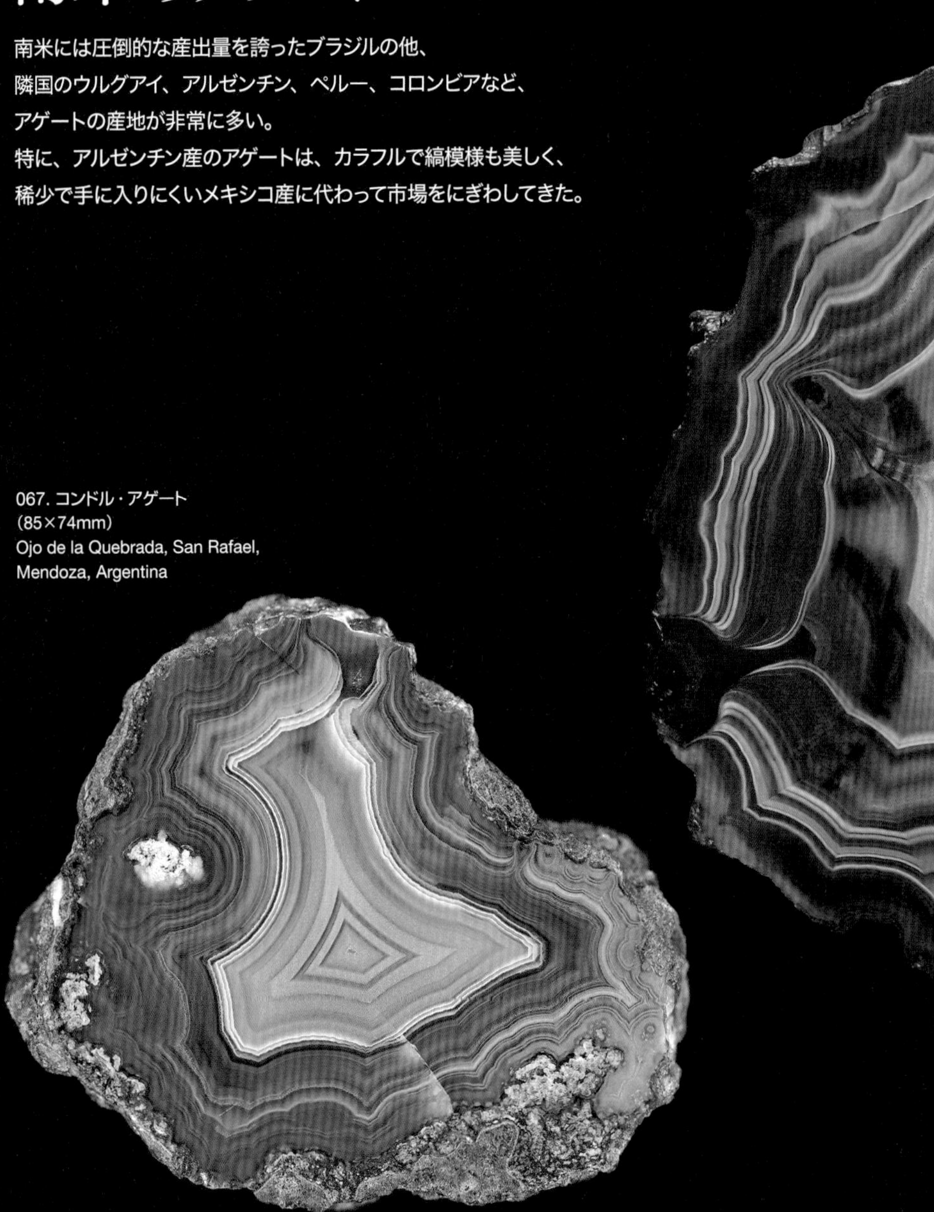

067. コンドル・アゲート
（85×74mm）
Ojo de la Quebrada, San Rafael,
Mendoza, Argentina

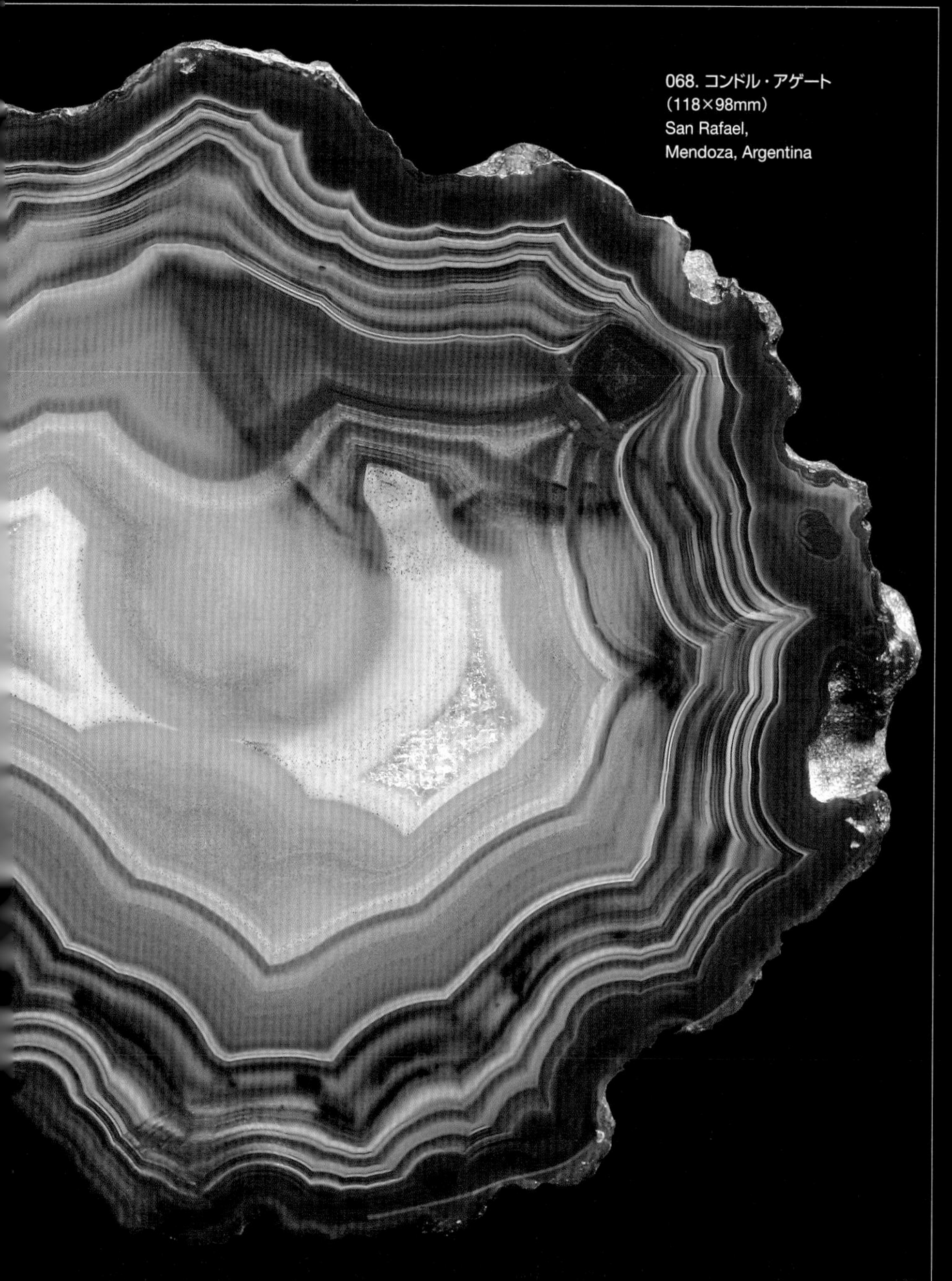

068. コンドル・アゲート
（118×98mm）
San Rafael,
Mendoza, Argentina

Argentina
アルゼンチン

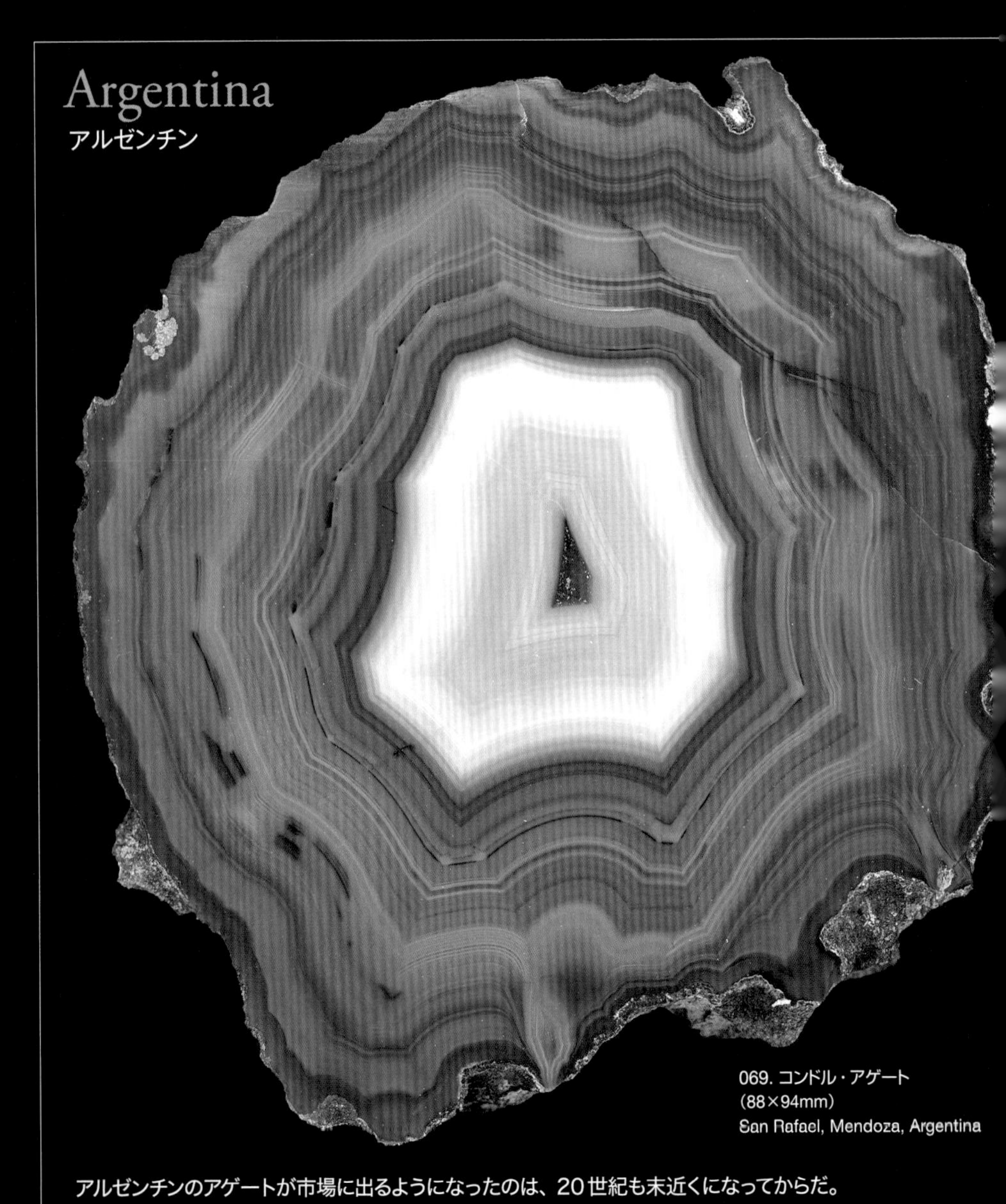

069. コンドル・アゲート
(88×94mm)
San Rafael, Mendoza, Argentina

アルゼンチンのアゲートが市場に出るようになったのは、20世紀も末近くになってからだ。
メンドーサ州のいくつかの場所から採れるカラフルな縞模様のアゲートは、
業者に「コンドル・アゲート」と名付けられ、現在この名は広く認知されている。
アゲートが形成された後で、縞の層を横断してしみ込んだ鉄分により、部分的に異なる色に染まる、
「クロマトグラフ」と呼ばれる現象が多く見られるのも特徴だ。

070. コンドル・アゲート
（70×47mm）
Canon del Atuel, San Rafael,
Mendoza, Argentina

Hannes Holzmann collection

071. コンドル・アゲート
（87×50mm）
Canon del Atuel, San Rafael,
Mendoza, Argentina

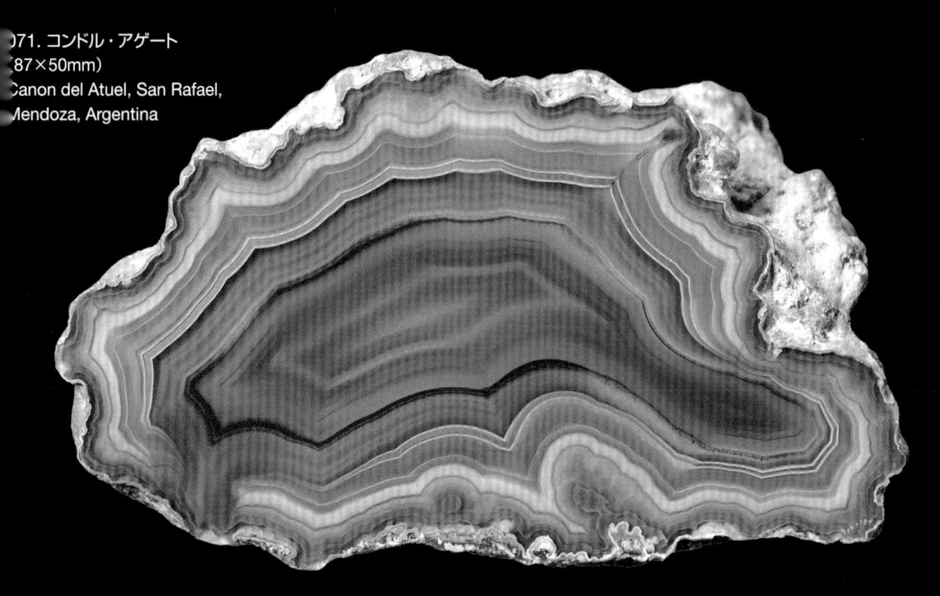

Hannes Holzmann collection

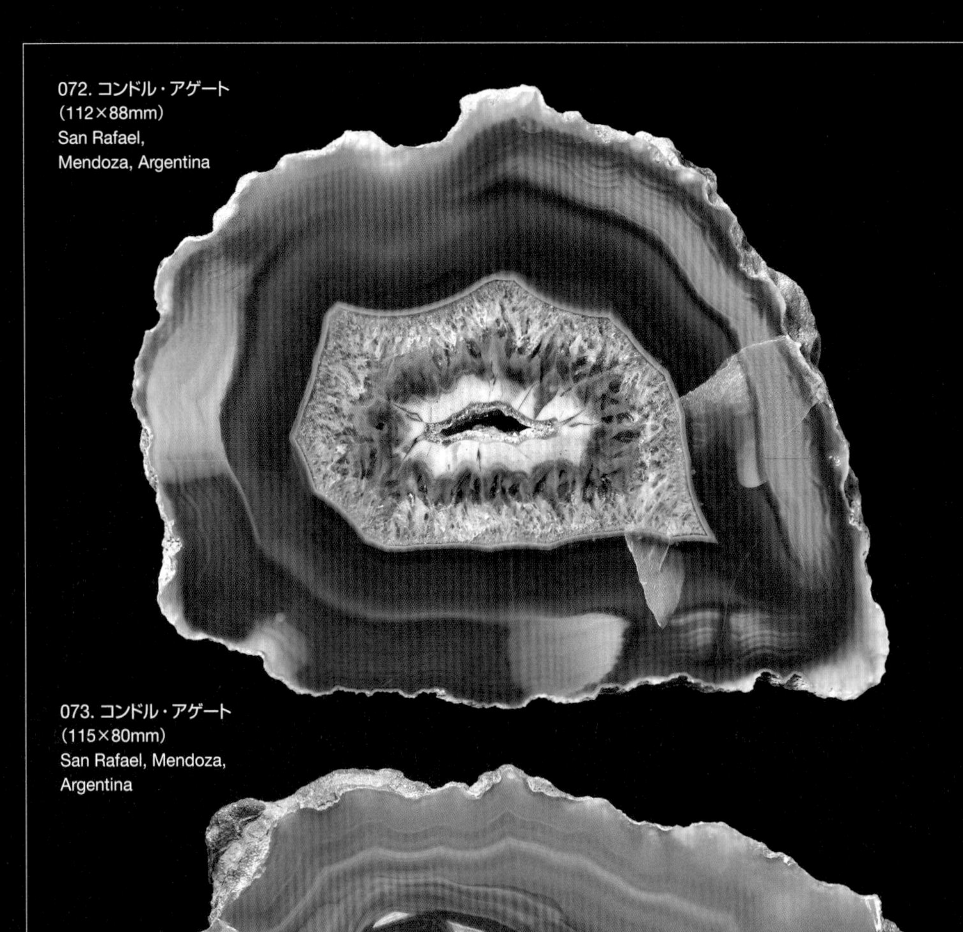

072. コンドル・アゲート
（112×88mm）
San Rafael,
Mendoza, Argentina

073. コンドル・アゲート
（115×80mm）
San Rafael, Mendoza,
Argentina

074. コンドル・アゲート
(50×40mm)
San Rafael,
Mendoza, Argentina

075. コンドル・アゲート
(77×53mm)
Canon del Atuel, San Rafael,
Mendoza, Argentina

Hannes Holzmann collection

076. アゲート（70×50mm）
Paso Berwyn, Chubut, Argentina

アルゼンチンの南部、パタゴニア地方にもカラフルなアゲートの産地が複数ある。メンドーサ地方のものと異なり、透明度はやや低いが、パステル調の色味が特徴で、縞模様も繊細な美しいアゲートだ。Paso Berwyn産のものは団塊の表面
自然に磨かれていて、内側の色味が透けて見えるのも特徴だ。
面採取されていたが、ほぼ採り尽くされてしまった。

077. アゲート（61×56mm）
Paso Berwyn, Chubut, Argentina

078. アゲート（55×70mm）
Paso Berwyn, Chubut, Argentina

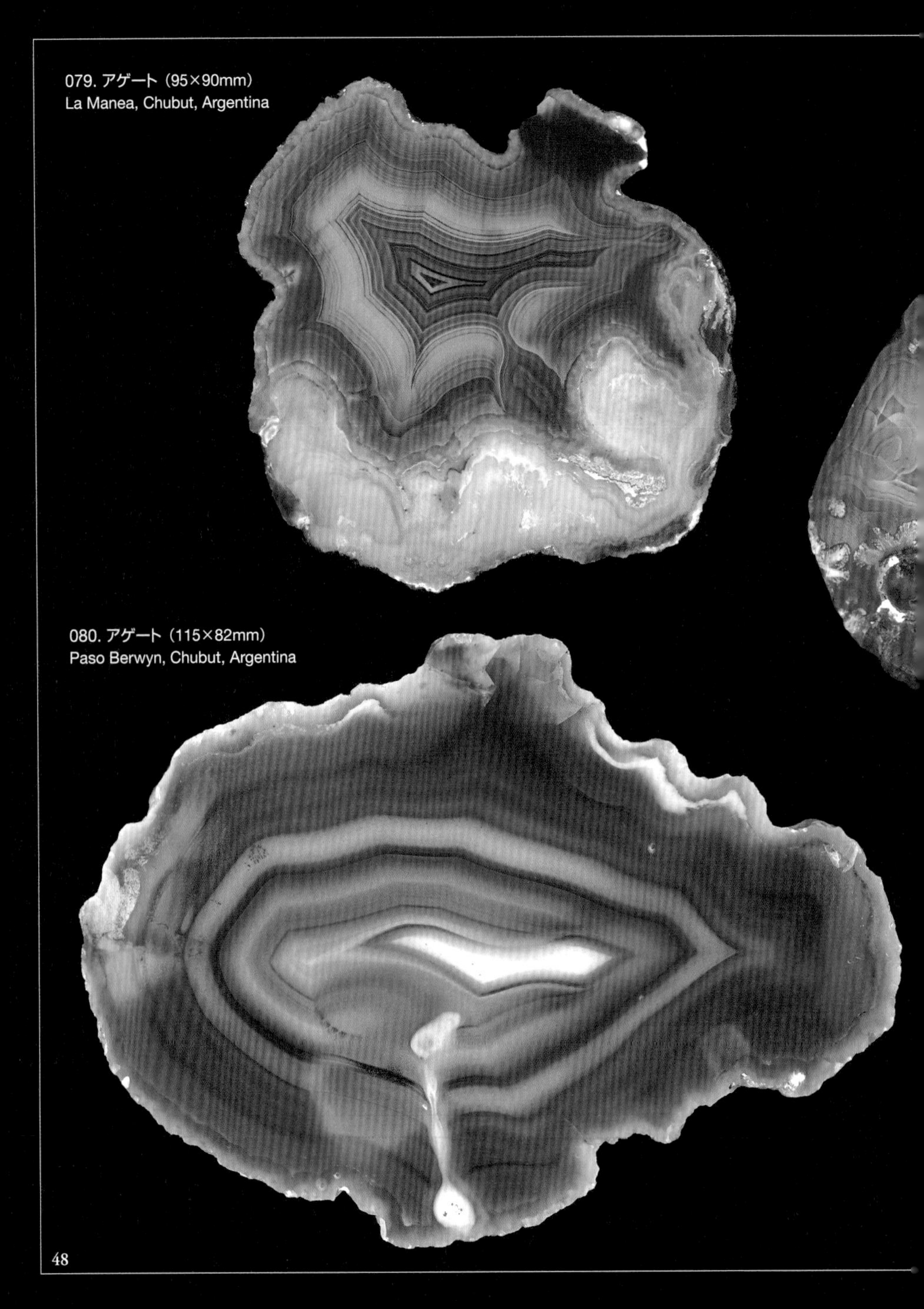

079. アゲート（95×90mm）
La Manea, Chubut, Argentina

080. アゲート（115×82mm）
Paso Berwyn, Chubut, Argentina

郵便はがき

差出有効期間
2022年10月
20日まで

(期間後は切手をお貼り下さい)

578-8790

東大阪市川田3丁目1番27号

株式会社 創元社 通信販売係

創元社愛読者アンケート

今回お買いあげいただいた本

[ご感想]

書を何でお知りになりましたか(新聞・雑誌名もお書きください)

書店　2. 広告(　　　)　3. 書評(　　　)　4. Web

その他

◉この注文書にて最寄の書店へお申し込み下さい。

書籍注文書	書名	冊数

◉書店ご不便の場合は直接御送本も致します。

代金は書籍到着後、郵便局もしくはコンビニエンスストアにてお支払い下さい
(振込用紙同封) 購入金額が3,000円未満の場合は、送料一律360円をご負担
下さい。3,000円以上の場合は送料は無料です。

※購入金額が1万円以上になりますと代金引換宅急便となります。ご了承下さい。(下記に記入)
希望配達日時
【　月　日 午前・午後　14-16 ・ 16-18 ・ 18-20 ・ 19-21】
(投函からお手元に届くまで7日程かかります)

※購入金額が1万円未満の方で代金引換もしくは宅急便を希望される方はご連絡下さい

通信販売係　Tel 072-966-4761　Fax 072-960-2392
Eメール tsuhan@sogensha.com
※ホームページでのご注文も承ります。

〈太枠内は必ずご記入下さい。(電話番号も必ずご記入下さい。)〉

お名前	フリガナ	歳 / 男・女
ご住所	フリガナ E-mail: TEL　－　－	メルマガ会員募集中 お申込みはこちら

※ご記入いただいた個人情報につきましては、弊社からお客様へのご案内以外の用途には使用致しません

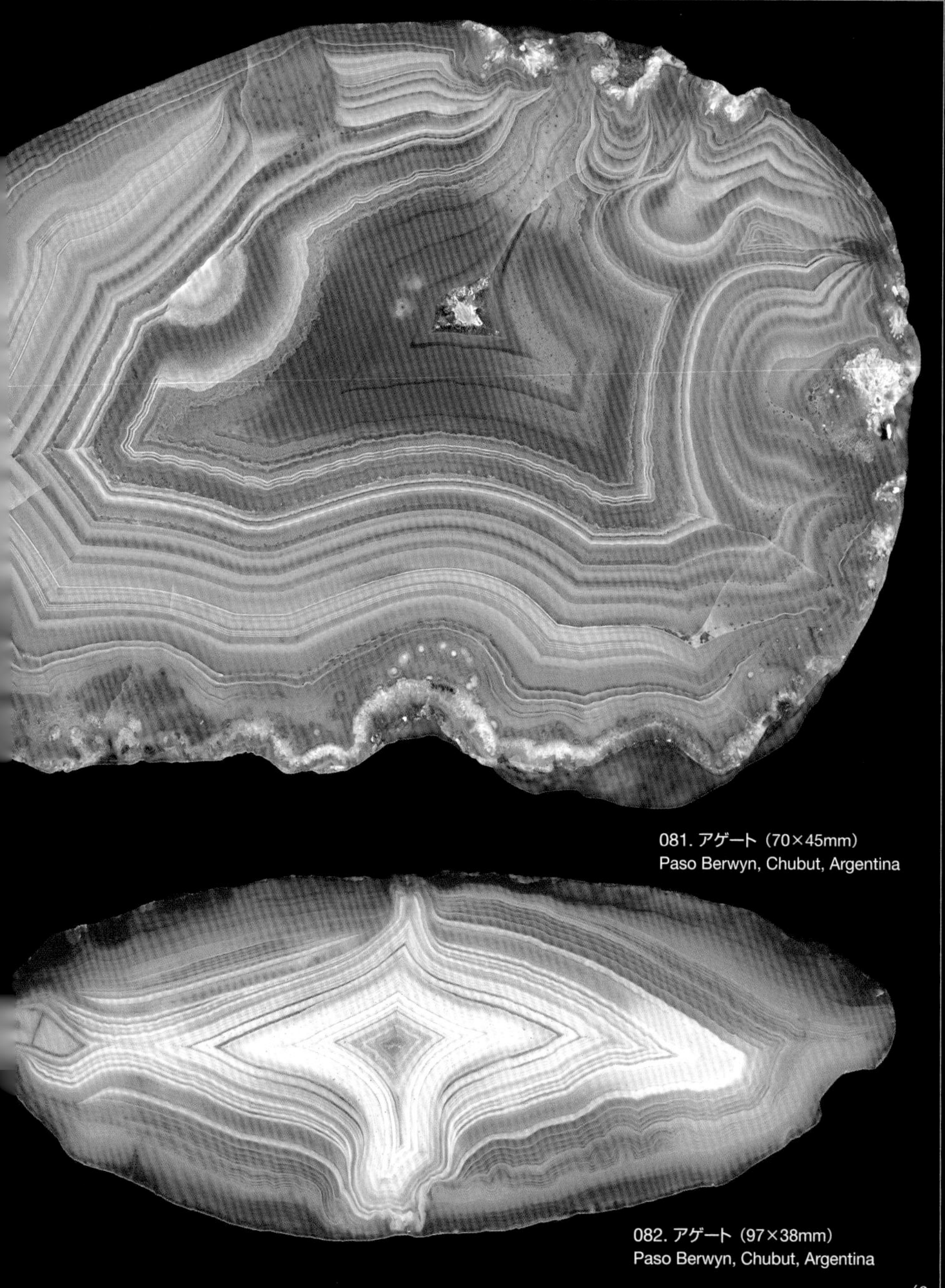

081. アゲート（70×45mm）
Paso Berwyn, Chubut, Argentina

082. アゲート（97×38mm）
Paso Berwyn, Chubut, Argentina

アルゼンチン北東部、ウルグアイとの国境を流れるウルグアイ川沿いの採石場で採取されたアゲートは、中・南部のカラフルなものと異なり、色味には乏しいが、緻密な縞模様をもつものが多い。河岸の堆積層を採掘したもので、表面がスムースに削られ、丸石状になったものだ。この採石場は閉鎖され、現在は採取できない。現在、パタゴニアのBlack River産とされているアゲートは、この産地のものを誤った情報で販売しているものだ。

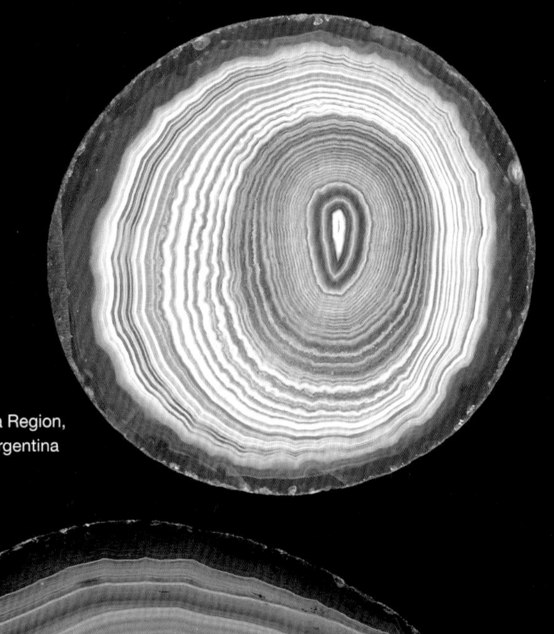

083. アゲート
(38×36mm)
Mesopotamia Region,
Entre Rios, Argentina

084. アゲート
(85×72mm)
Mesopotamia Region,
Entre Rios, Argentina

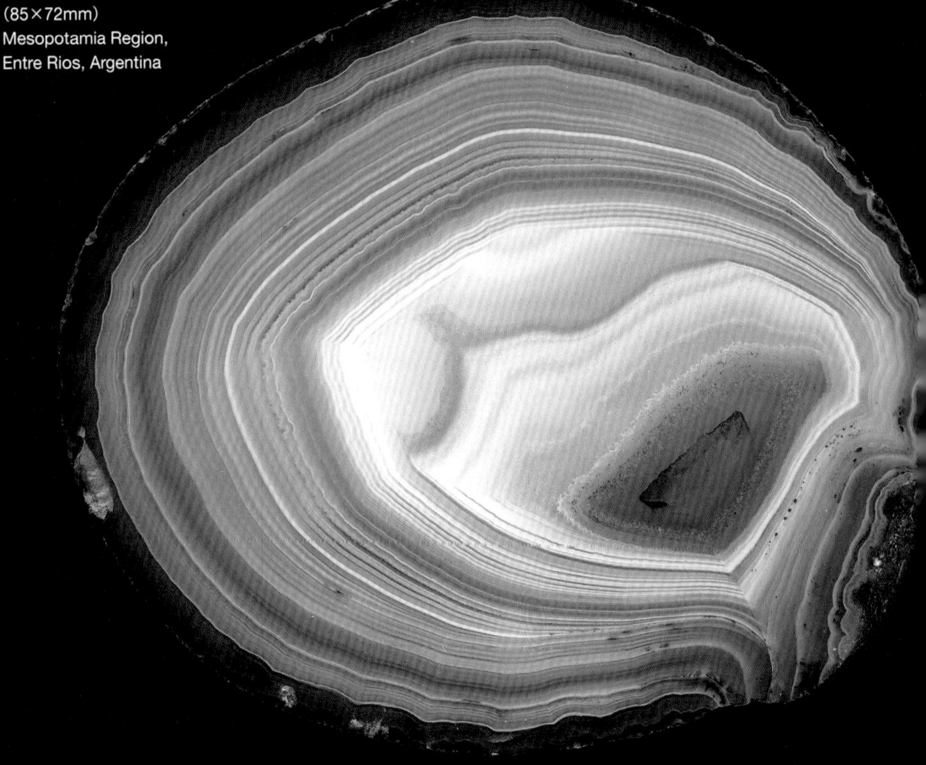

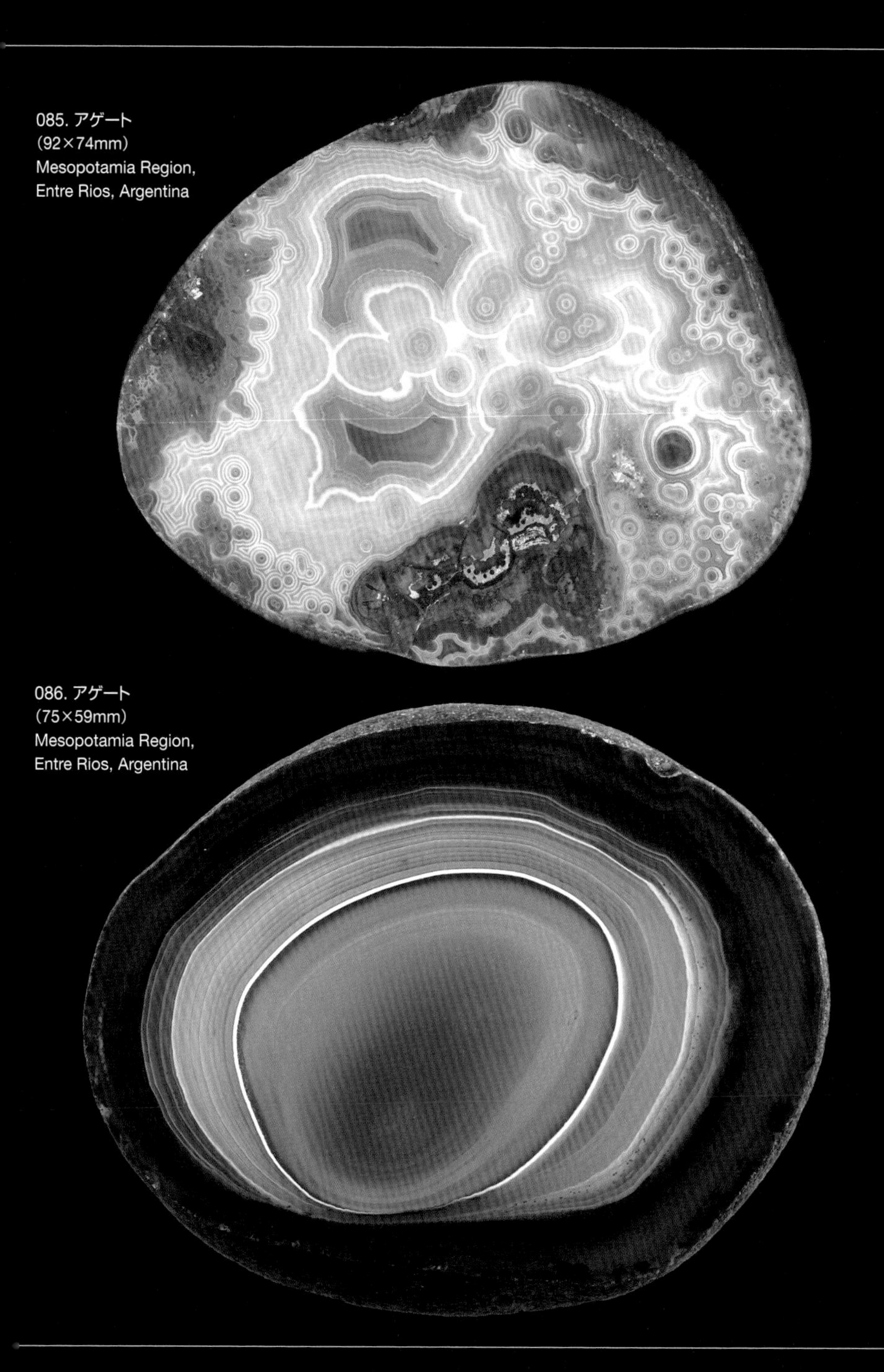

085. アゲート
（92×74mm）
Mesopotamia Region,
Entre Rios, Argentina

086. アゲート
（75×59mm）
Mesopotamia Region,
Entre Rios, Argentina

Brazil
ブラジル

ブラジルは世界最大の産出量を誇った。タイプもさまざまだが、色味の乏しいものは人工的に青や赤に着色され、飾り石、灰皿、コースターなど、さまざまな用途に加工された。山梨県・甲府や福井県・小浜でもブラジル産アゲートの加工が盛んに行われていた。ここでは、ポリヘドロイドと呼ばれる、大きな多面体のアゲートと、カットすると同心円状の目玉模様が現れる、アイ・アゲートを中心に紹介する。いずれもブラジル産特有の造形だ。

087. アゲート
(72×100mm)
Rio Grande do Sul, Brazil

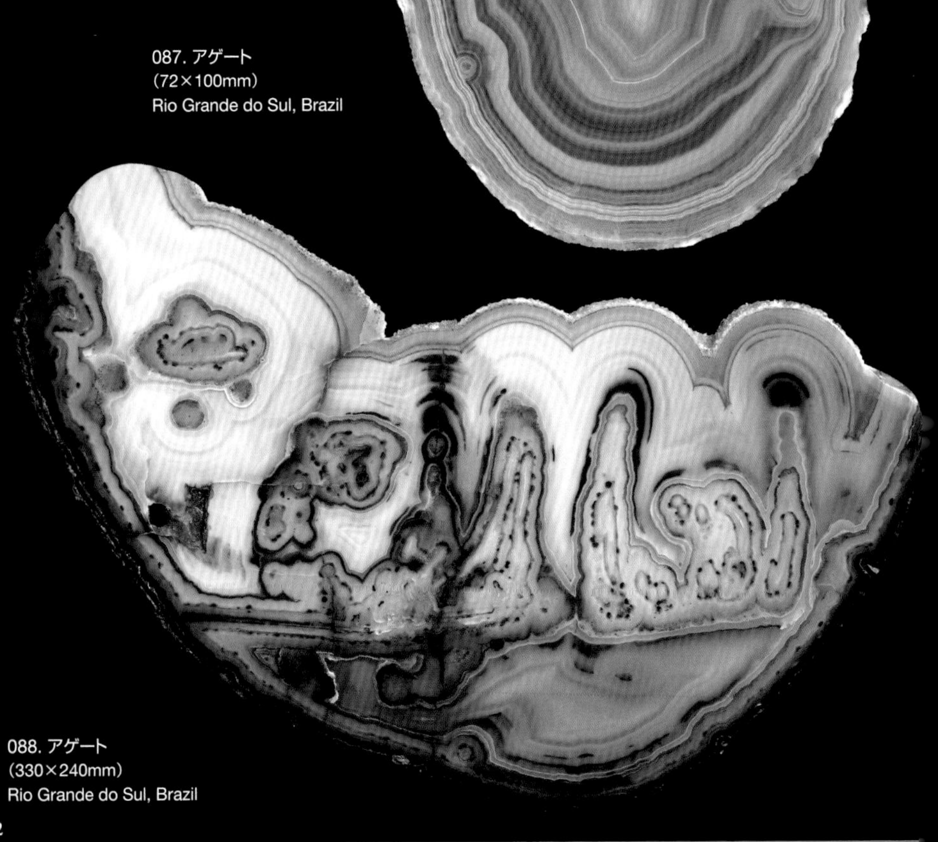

088. アゲート
(330×240mm)
Rio Grande do Sul, Brazil

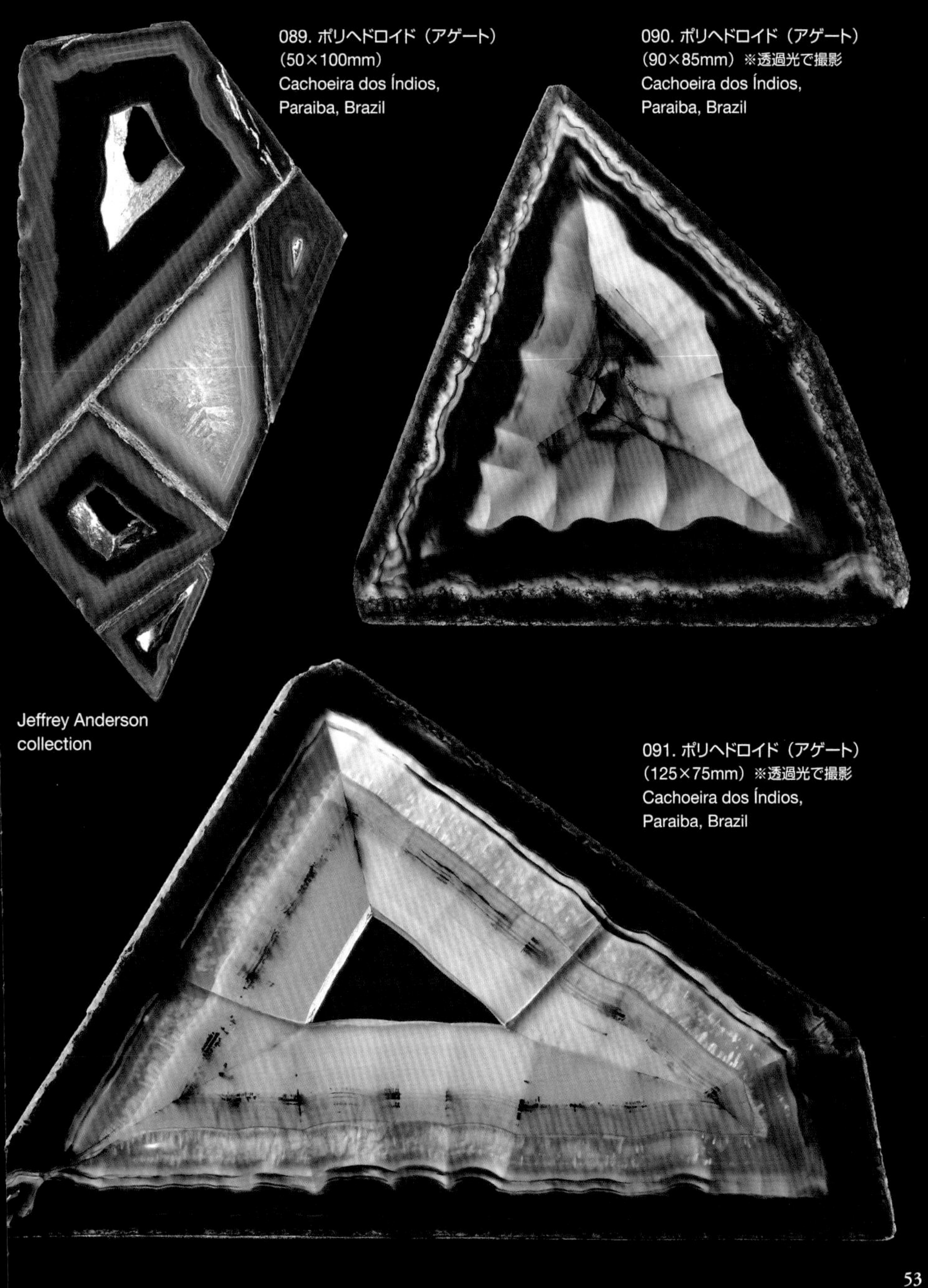

089. ポリヘドロイド（アゲート）
（50×100mm）
Cachoeira dos Índios,
Paraiba, Brazil

090. ポリヘドロイド（アゲート）
（90×85mm）※透過光で撮影
Cachoeira dos Índios,
Paraiba, Brazil

Jeffrey Anderson
collection

091. ポリヘドロイド（アゲート）
（125×75mm）※透過光で撮影
Cachoeira dos Índios,
Paraiba, Brazil

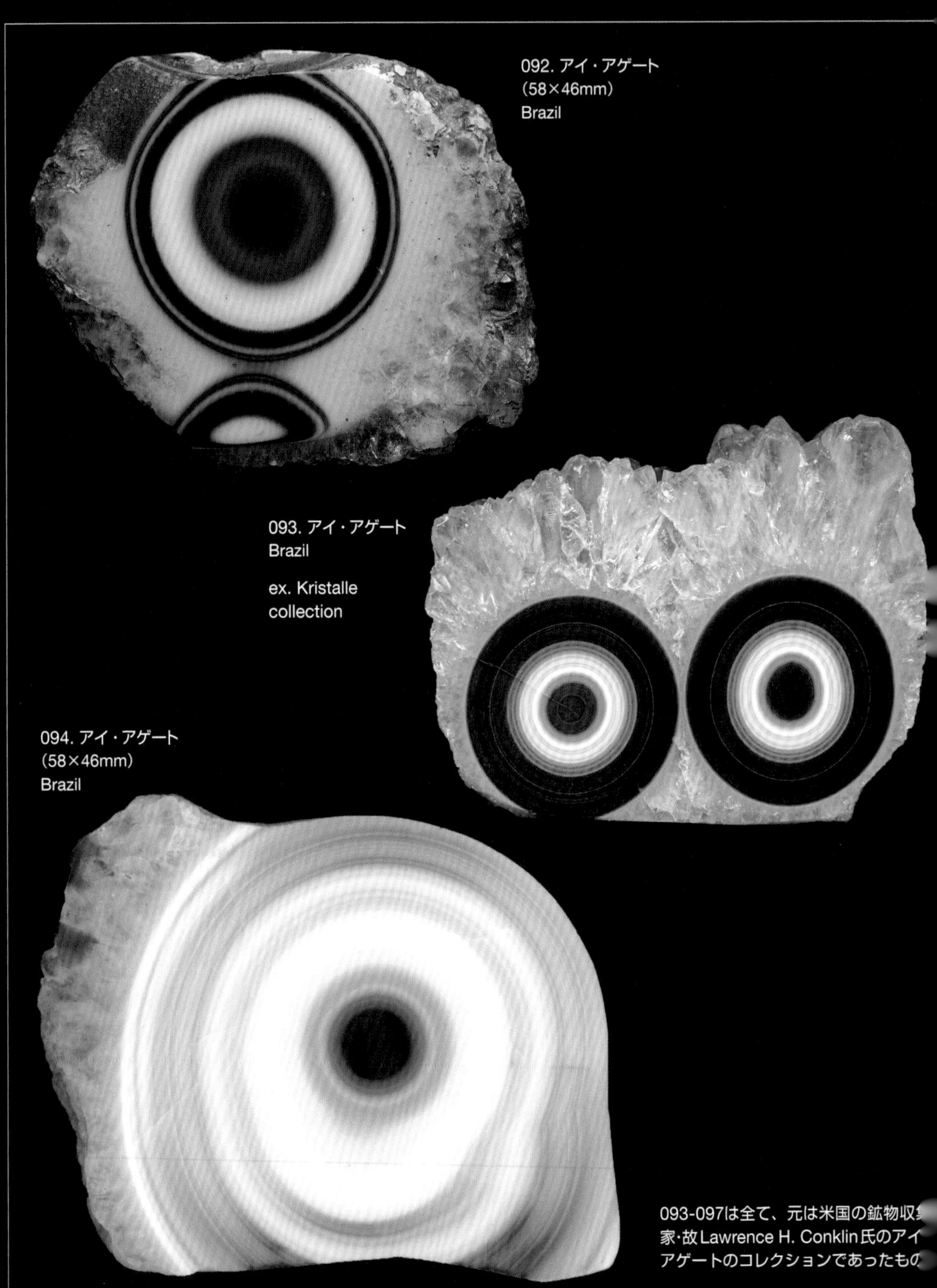

092. アイ・アゲート
（58×46mm）
Brazil

093. アイ・アゲート
Brazil

ex. Kristalle
collection

094. アイ・アゲート
（58×46mm）
Brazil

093-097は全て、元は米国の鉱物収集
家・故Lawrence H. Conklin氏のアイ
アゲートのコレクションであったもの

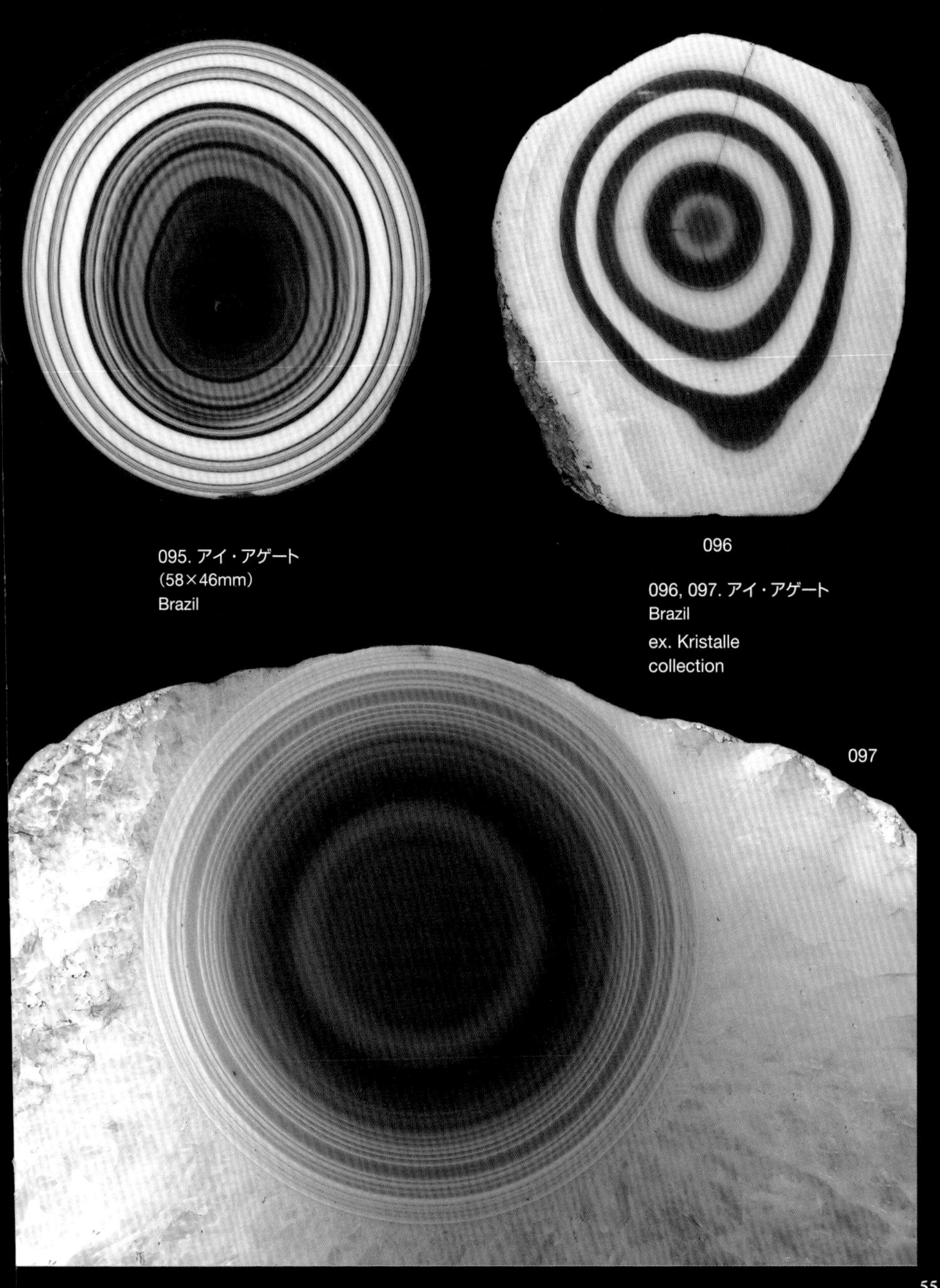

095. アイ・アゲート
(58×46mm)
Brazil

096

096, 097. アイ・アゲート
Brazil
ex. Kristalle
collection

097

アフリカのアゲート

アフリカ大陸で最も広く知られたアゲートは
ボツワナ産アゲートとナミビアのブルー・レース・アゲートだったが、
今世紀初頭からモロッコのアトラス山地東部産の高品質なアゲートが
次々と市場に紹介されていった。
モロッコ産の他、ボツワナの繊細な縞模様のアゲート、
マラウイのカラフルなアゲートを紹介する。

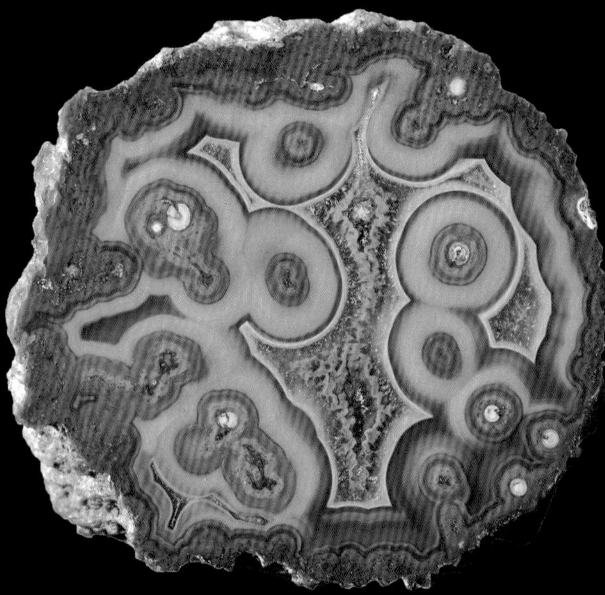

098. アゲート
(83×58mm)
Aouli, Midelt Province,
Morocco

Hannes Holzmann collection

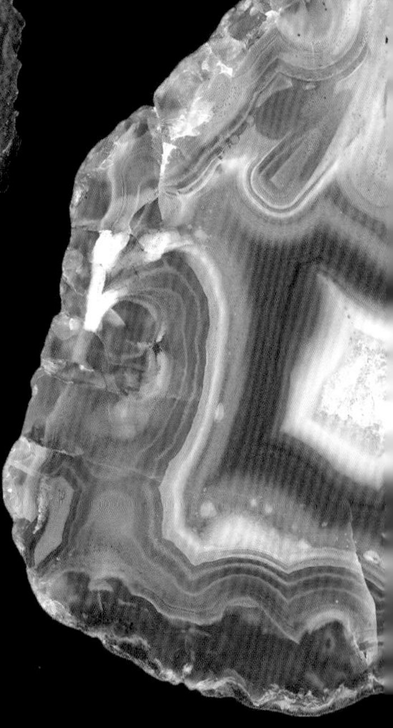

Morocco
モロッコ

モロッコは北東-南西方向に伸びる国土のほぼ中心を、標高3000-4000m級のアトラス山脈が貫いているが、その北東側と南西側の二つの端のエリアにアゲートの産地が複数ある。ここでは北東側のMidelt地方で採取される、縞模様と鮮やかな色彩が特徴のAouli, Bou Hamzaのものを紹介する。

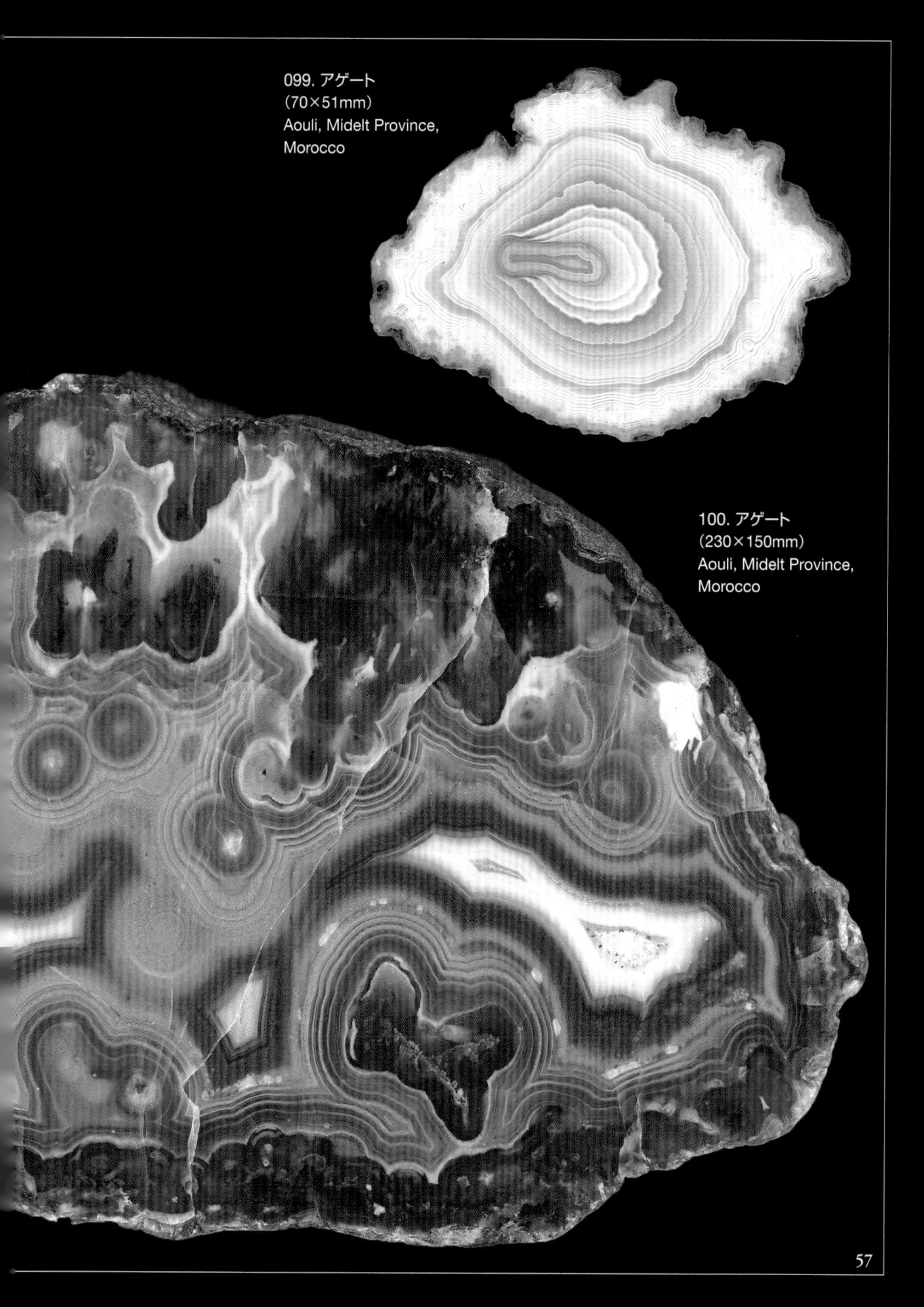

099. アゲート
(70×51mm)
Aouli, Midelt Province,
Morocco

100. アゲート
(230×150mm)
Aouli, Midelt Province,
Morocco

101. アゲート
(148×72mm)
Aouli, Midelt Province,
Morocco

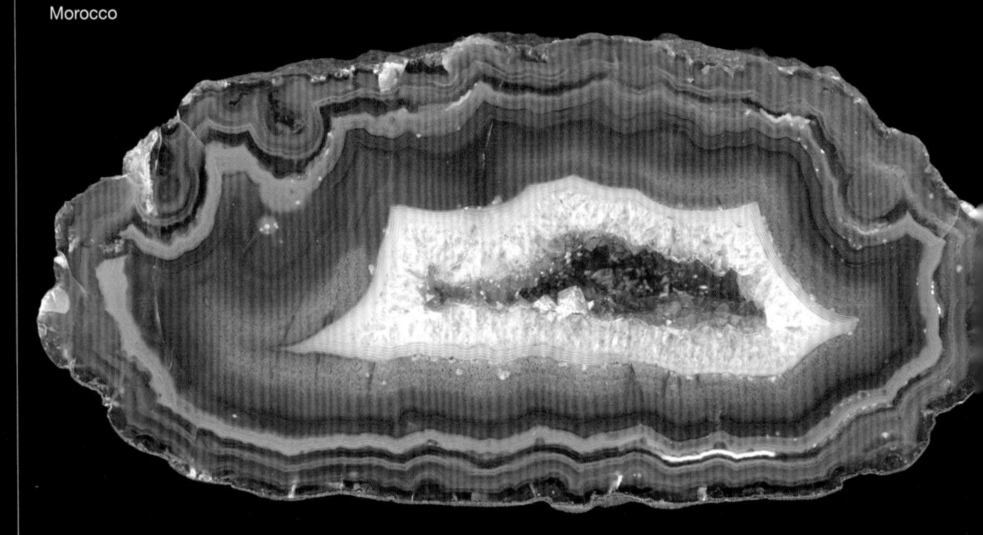

102. アゲート
(110×60mm)
Bou Hamza, Midelt Province,
Morocco

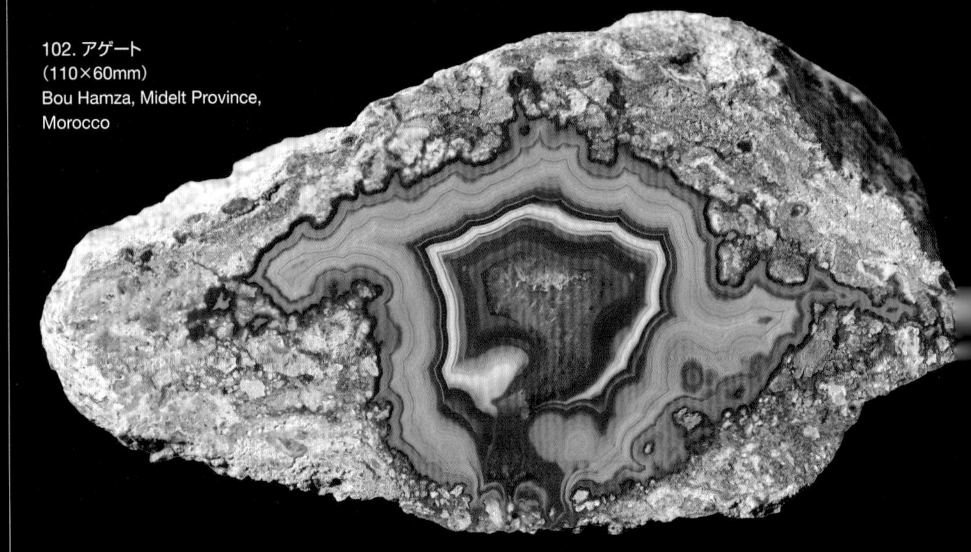

Hannes Holzmann collection

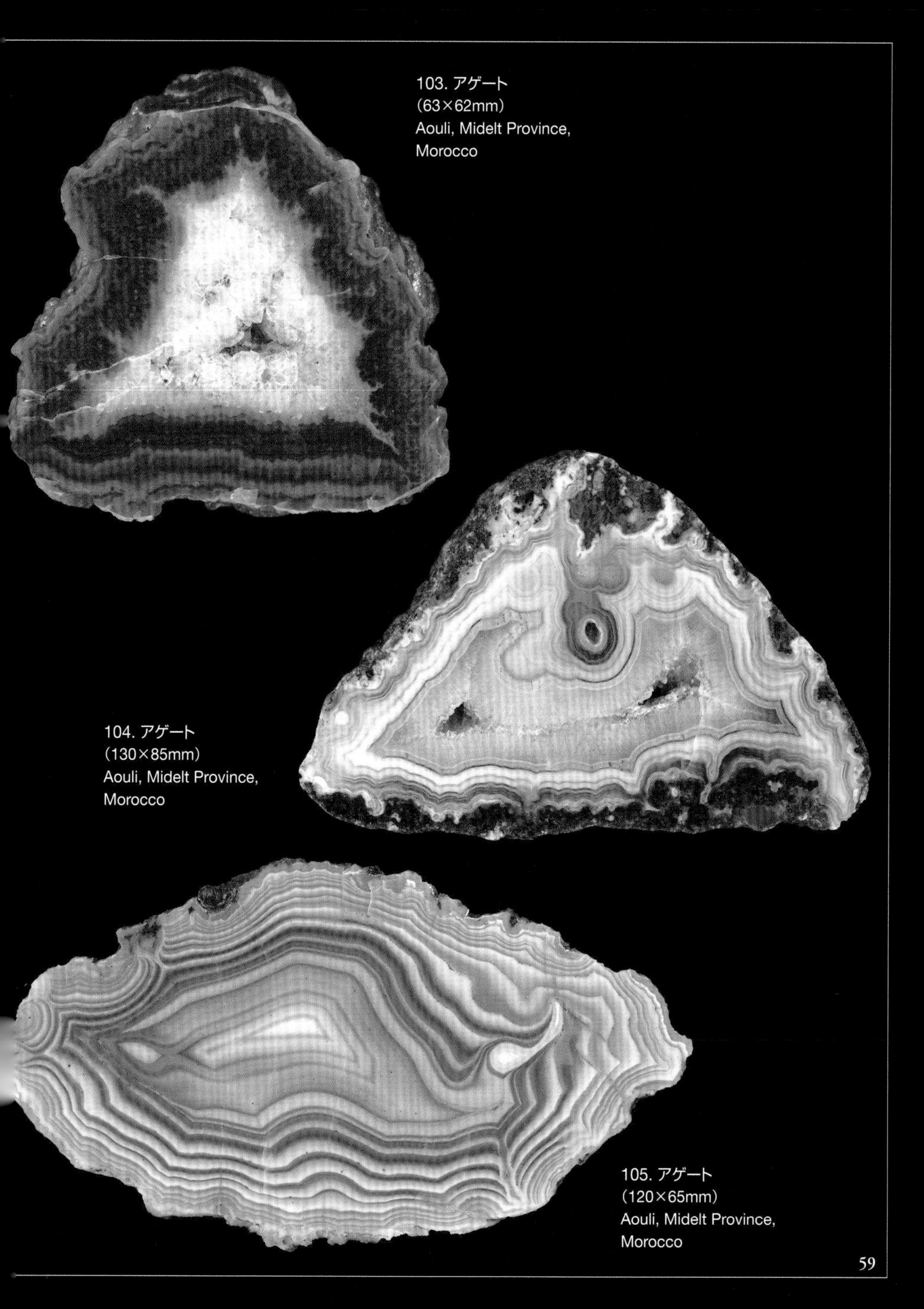

103. アゲート
（63×62mm）
Aouli, Midelt Province,
Morocco

104. アゲート
（130×85mm）
Aouli, Midelt Province,
Morocco

105. アゲート
（120×65mm）
Aouli, Midelt Province,
Morocco

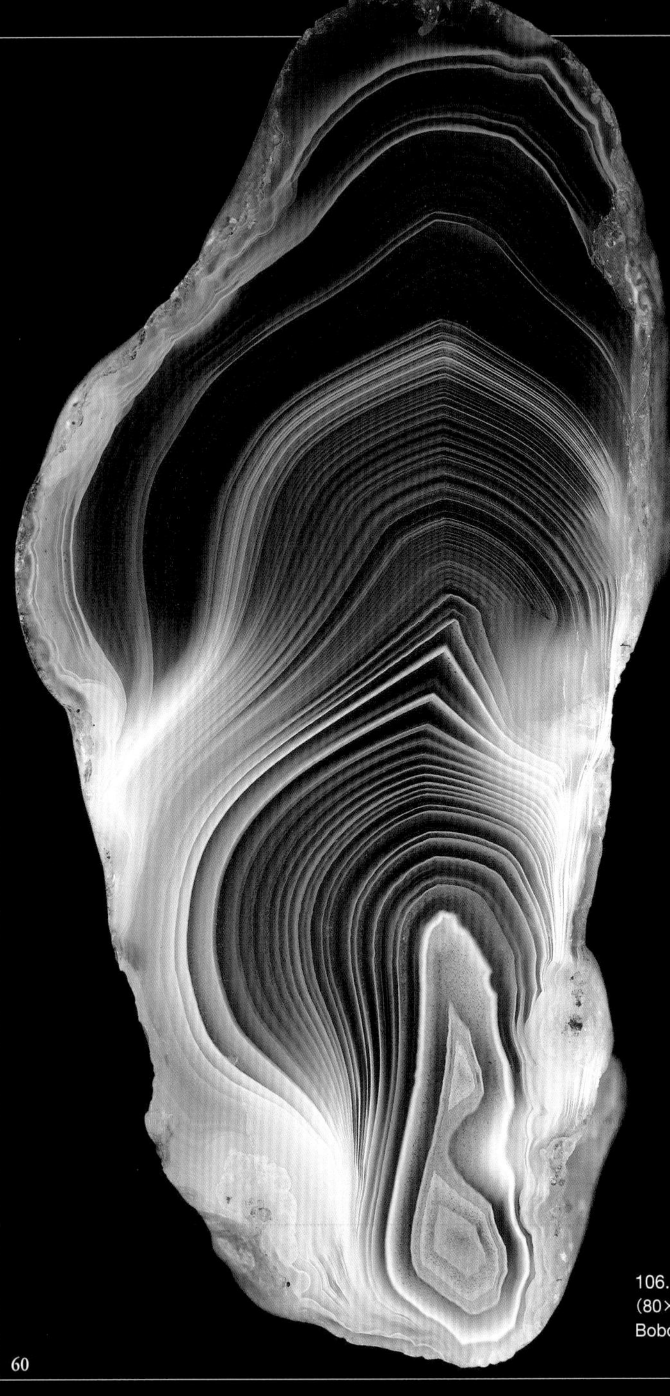

Botswana
ボツワナ

ボツワナ・アゲートは、非常
繊細な縞模様が特徴だ。透明
が高く、石を動かすと縞模様
ゆらゆらと揺れ動くように見
る、「シャドー・エフェクト」
みせるものが多い。これは細
な縞の層の間から出る光の反
光が、見る角度によって消失
たり現れたりすることによっ
起きる現象だ。色は濃いグレ
が基調で、部分的に赤紫系に
まっている程度だが、曲線の
しさは世界のアゲートの中で
際だっている。

106. ボツワナ・アゲート
(80×38mm)
Bobonong, Botswana

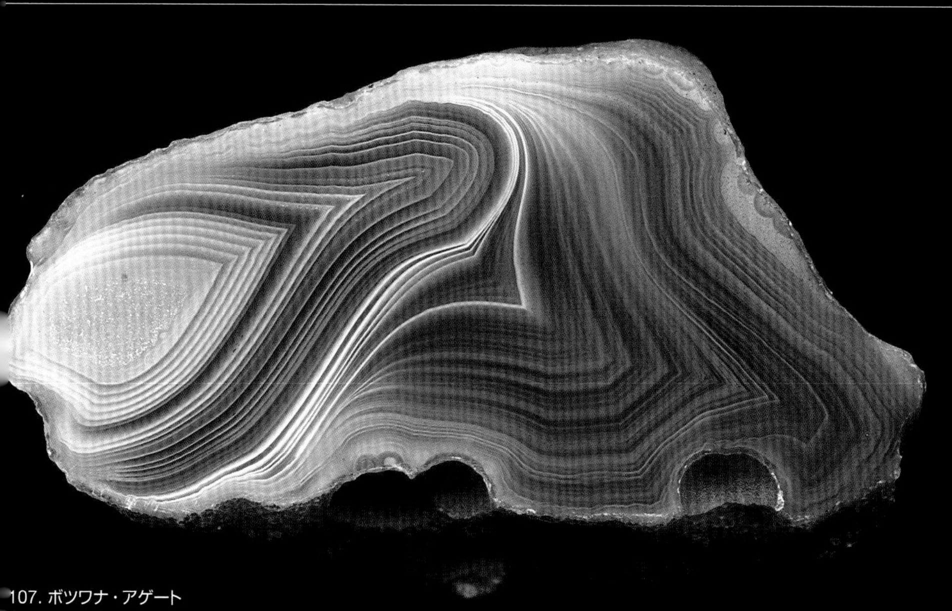

107. ボツワナ・アゲート
(76×45mm)
Bobonong, Botswana

108. ボツワナ・アゲート
(82×43mm)
Bobonong, Botswana

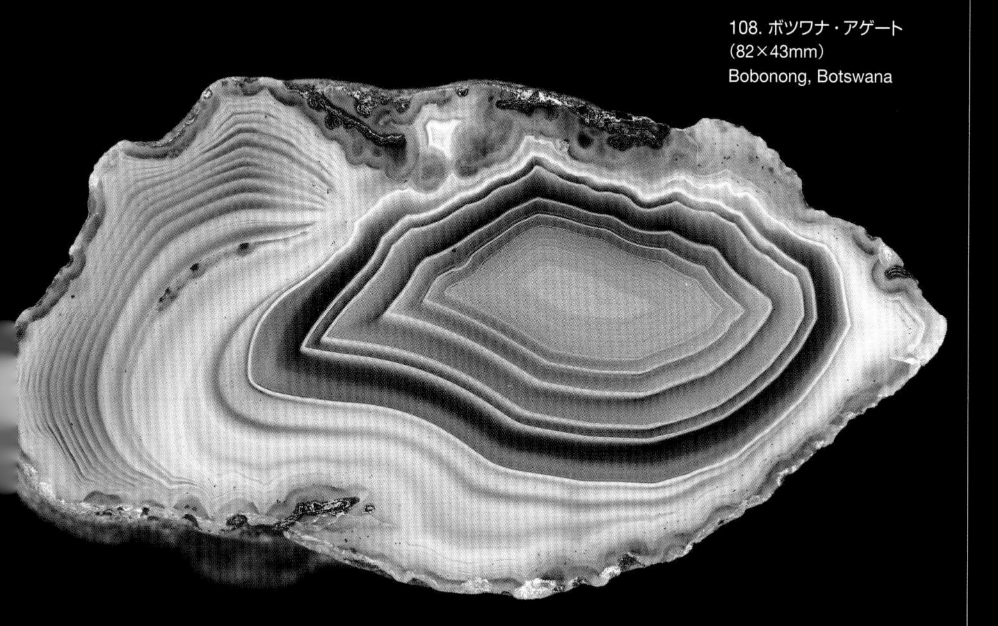

109. ボツワナ・アゲート
（100×67mm）
Bobonong, Botswana

110. ボツワナ・アゲート
（92×44mm）
Bobonong, Botswana

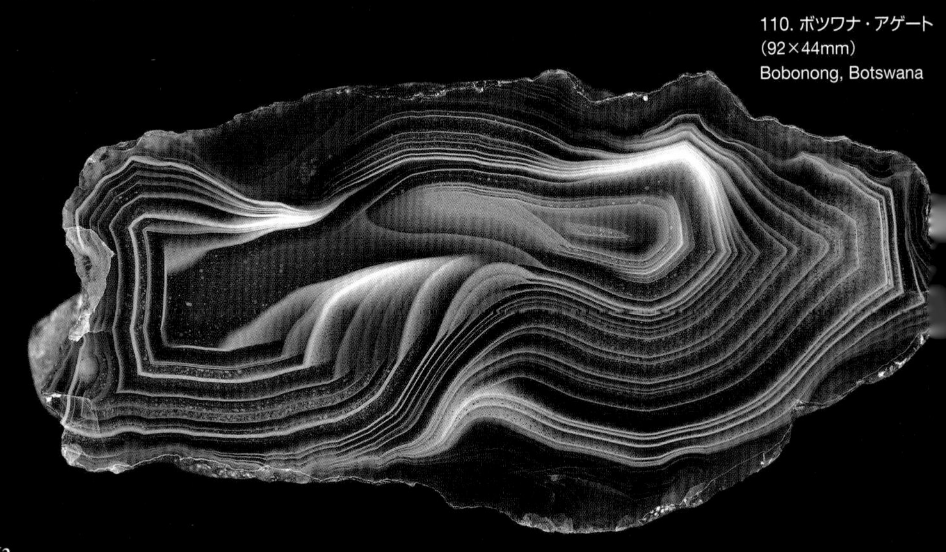

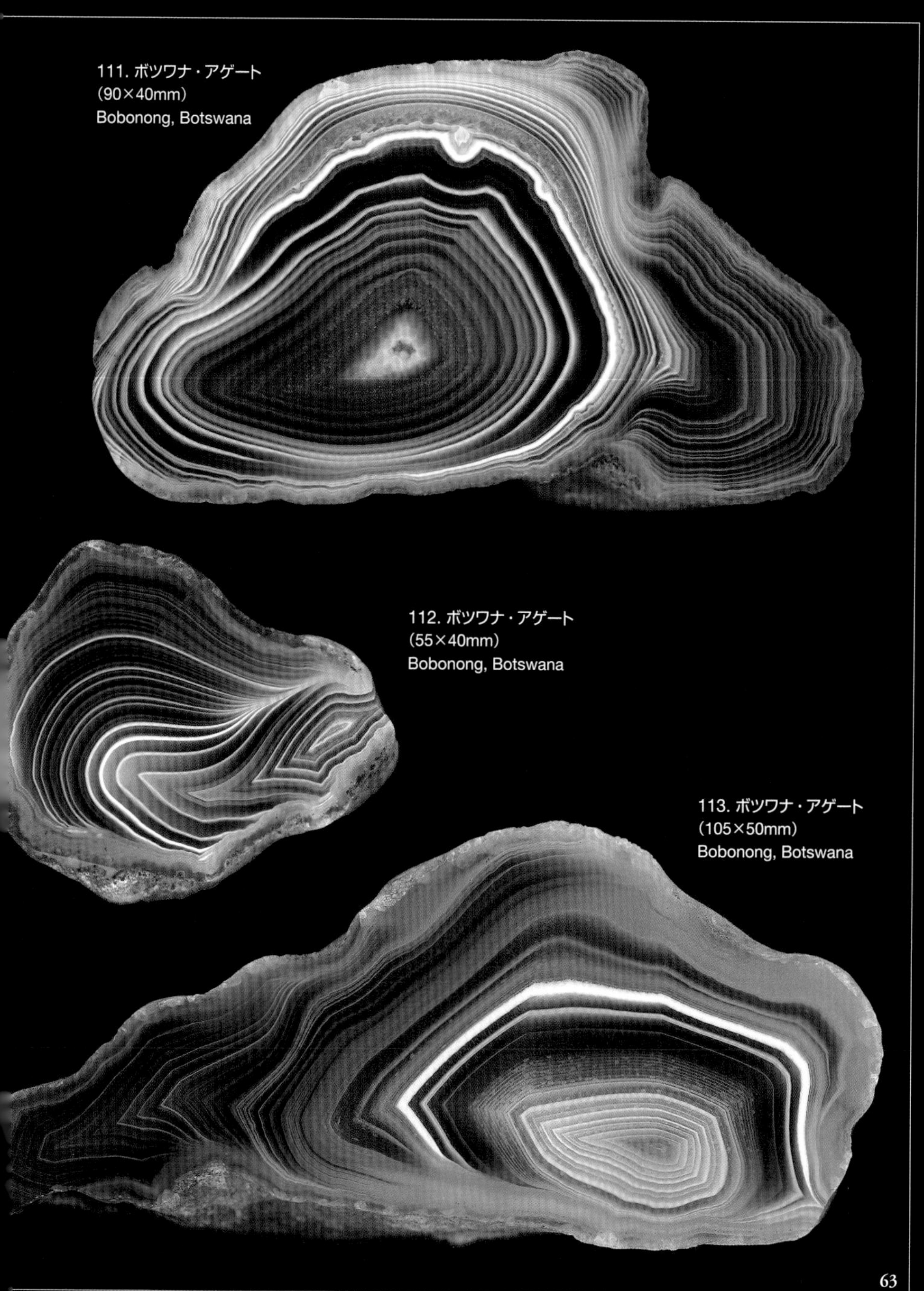

111. ボツワナ・アゲート
（90×40mm）
Bobonong, Botswana

112. ボツワナ・アゲート
（55×40mm）
Bobonong, Botswana

113. ボツワナ・アゲート
（105×50mm）
Bobonong, Botswana

Malawi
マラウイ

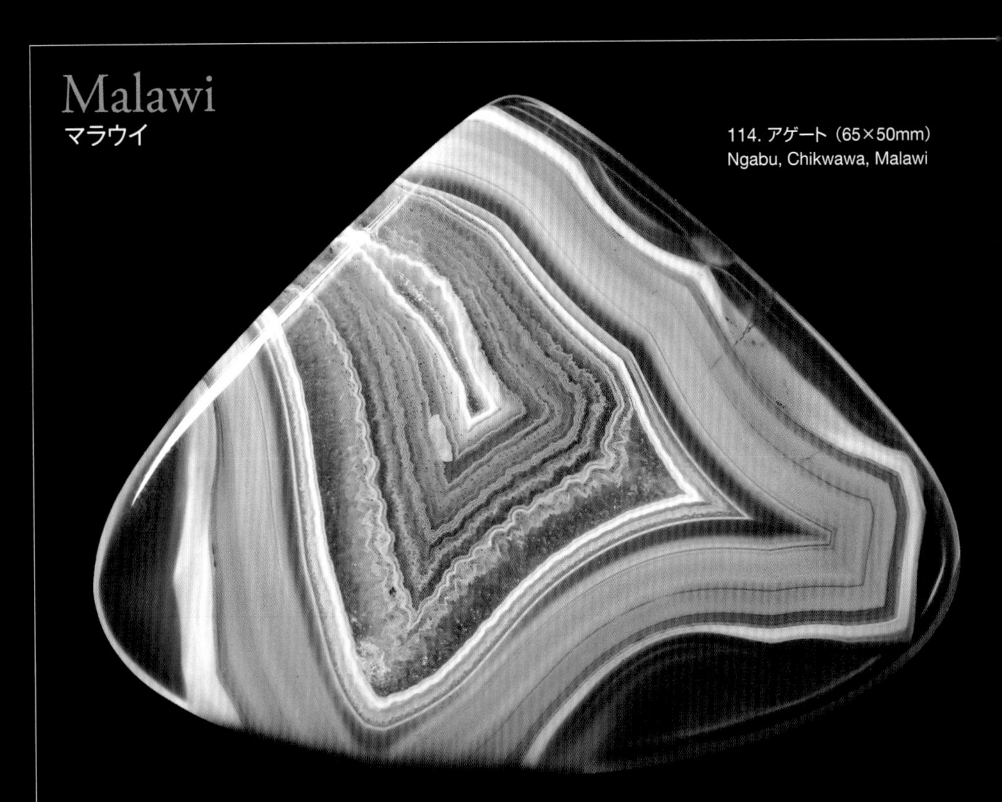

114. アゲート（65×50mm）
Ngabu, Chikwawa, Malawi

115. アゲート（75×25mm）
Ngabu, Chikwawa, Malawi

マラウイ産のアゲートは1970年代にドイツに輸出されたが、その後新しいものの供給が途絶えていた。2010年代後半に再び少量採掘されている。赤・オレンジとブルーグレーのコンビネーションが美しいアゲートだが、割れたり亀裂が入ったものがとても多く、無傷の標本は稀少とされている。

16. アゲート（68×61mm）
Ngabu, Chikwawa, Malawi

Takehiro Touge collection

117. アゲート（65×45mm）
Ngabu, Chikwawa, Malawi

Takehiro Touge collection

ヨーロッパのアゲート

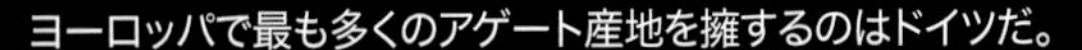

ヨーロッパで最も多くのアゲート産地を擁するのはドイツだ。
西部の町イダーオーバーシュタインはアゲートの加工業が栄えた町で、
研磨と着色の技術が開発され、加工品はヨーロッパだけでなく、
アジア・アフリカにも輸出された。
他にもハンガリー、アルメニア、ジョージア、ルーマニアなど、
さまざまな場所にアゲートの産地があるが、
ここではドイツの他に、縞模様の美しいものが採れる
チェコ、ポーランド、スコットランドのものも紹介する。

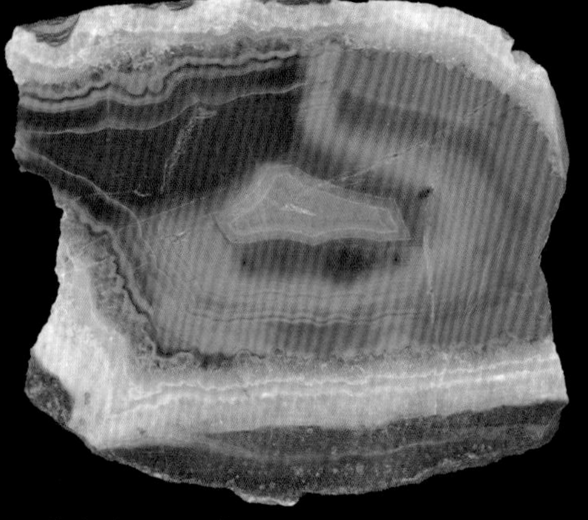

118. アゲート（60×50mm）
Steinbach, Saarland, Germany

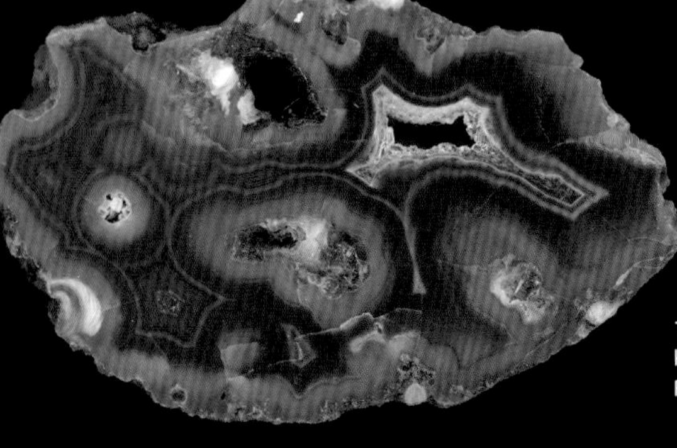

119. アゲート（70×50mm）
Karrenberg Reichweiler,
Rheinland-Pfalz, Germany

120. アゲート（160×140mm）
St. Egidien, Sachsen, Germany

Germany
ドイツ

ドイツは南北アメリカの産地が発見される前は、最大のアゲート産出国だった。非常に多くの産地があり、タイプも種々さまざまだ。西部のザールラント州、ラインラント=プファルツ州には縞模様の美しいアゲートの産地が集中している。また、東部のザクセン地方には色鮮やかなサンダーエッグの産地がある。ここでは特に縞模様の緻密なものを中心に、特徴的なものに絞って紹介する。

121. アゲート（52×45mm）
Arenrath, Rhineland-Palatinate,
Germany

122. アゲート（80×38mm）
Arenrath, Rhineland-Palatinate,
Germany

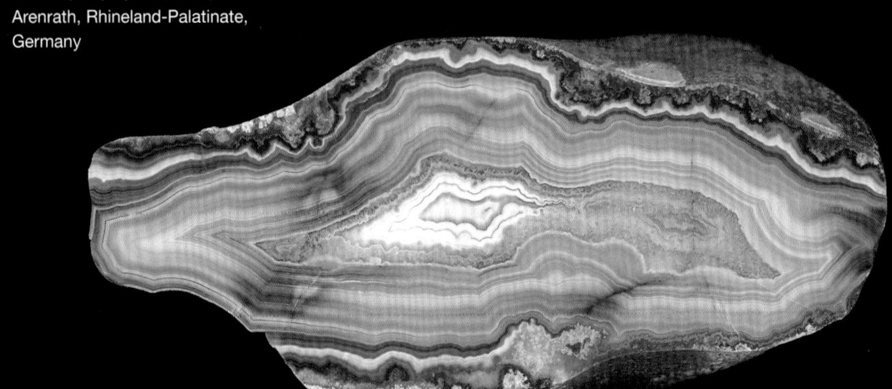

123. アゲート
(90×60mm)
Waldhambach,
Rheinland-Pfalz, Germany

124. アゲート
(80×60mm)
Freisen, Saarland,
Germany

Hannes Holzmann collection

Czech Republic
チェコ

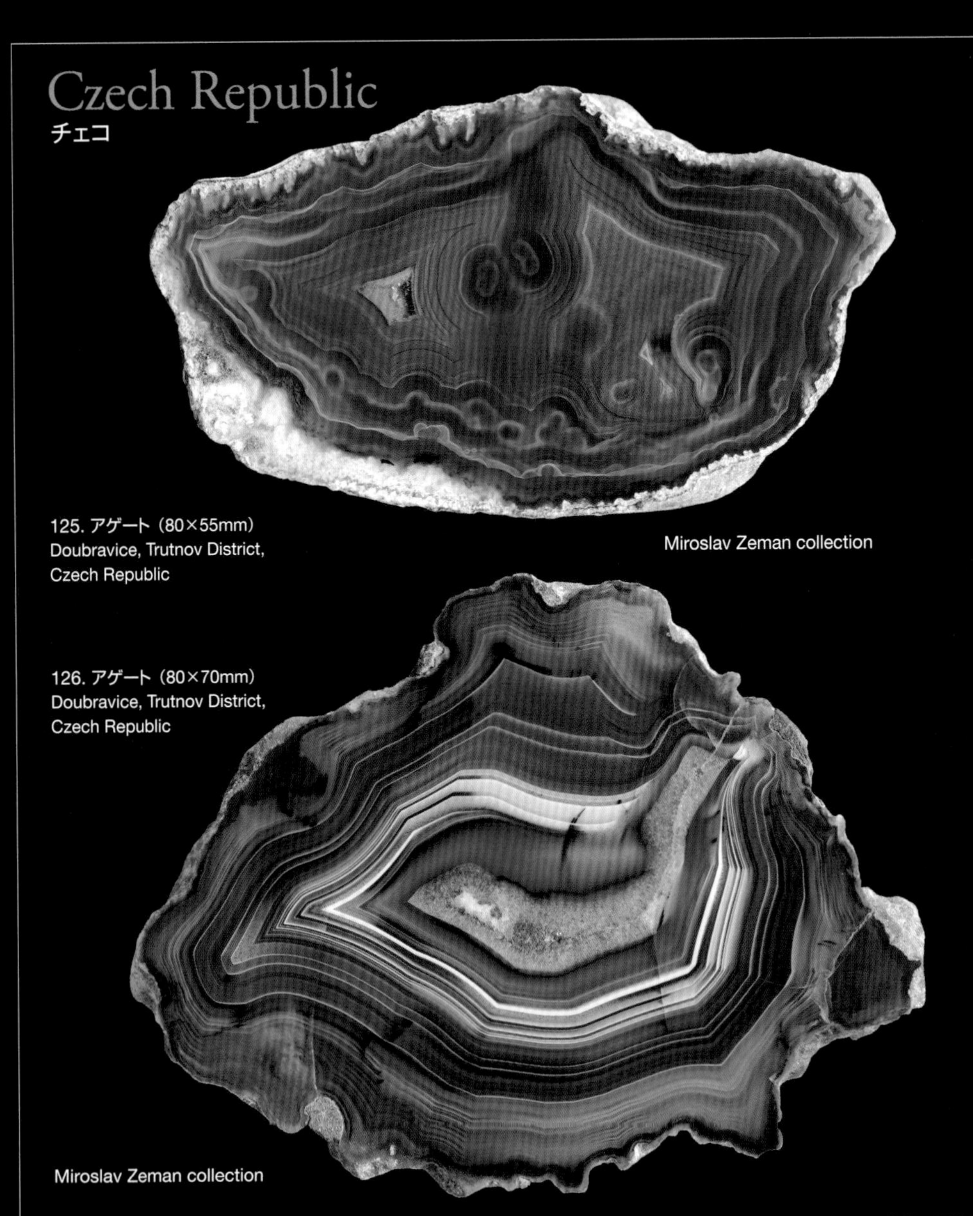

125. アゲート（80×55mm）
Doubravice, Trutnov District,
Czech Republic

Miroslav Zeman collection

126. アゲート（80×70mm）
Doubravice, Trutnov District,
Czech Republic

Miroslav Zeman collection

チェコのアゲート産地は北部に多い。Kyje, Doubraviceといった産地のものは小型ながら複雑で独特な模様をもつものが多く、コレクターの間では人気が高い。最もユニークなのは、北西部のエルツ山地のHorni Halze産のものだ。水晶の塊の中に棒を折り曲げたような形のアゲートが入っているもので、ジグザグ・アゲートとも呼ばれる。棒状の玉髄
針状の金属の結晶が崩れて重なったもののまわりに赤い
ゲートが出来、さらに水晶に覆われたものと考えられてい
が、謎が多い。世界で他に例を見ない形だ。

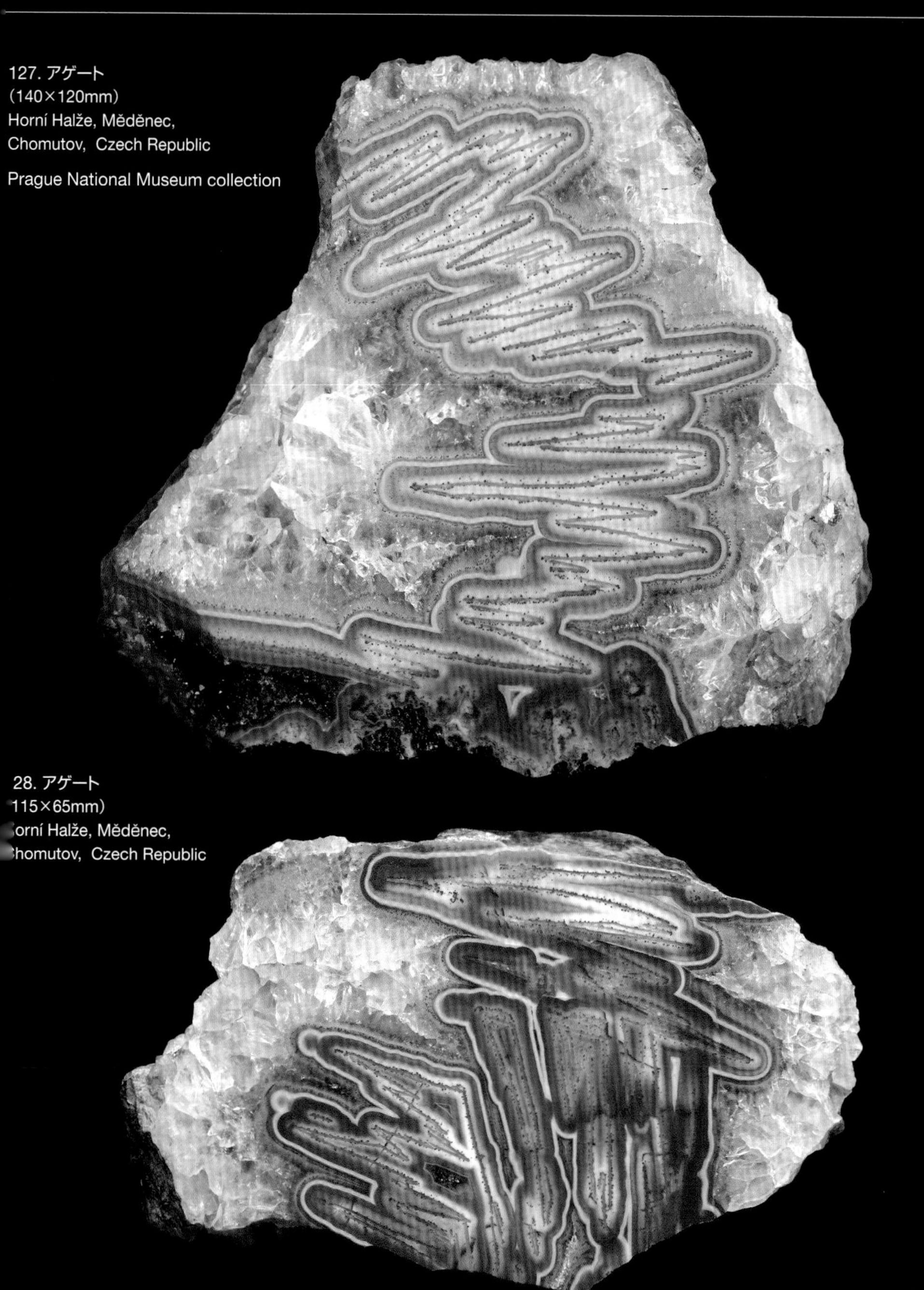

127. アゲート
（140×120mm）
Horní Halže, Měděnec,
Chomutov, Czech Republic

Prague National Museum collection

28. アゲート
115×65mm）
orní Halže, Měděnec,
homutov, Czech Republic

Poland
ポーランド

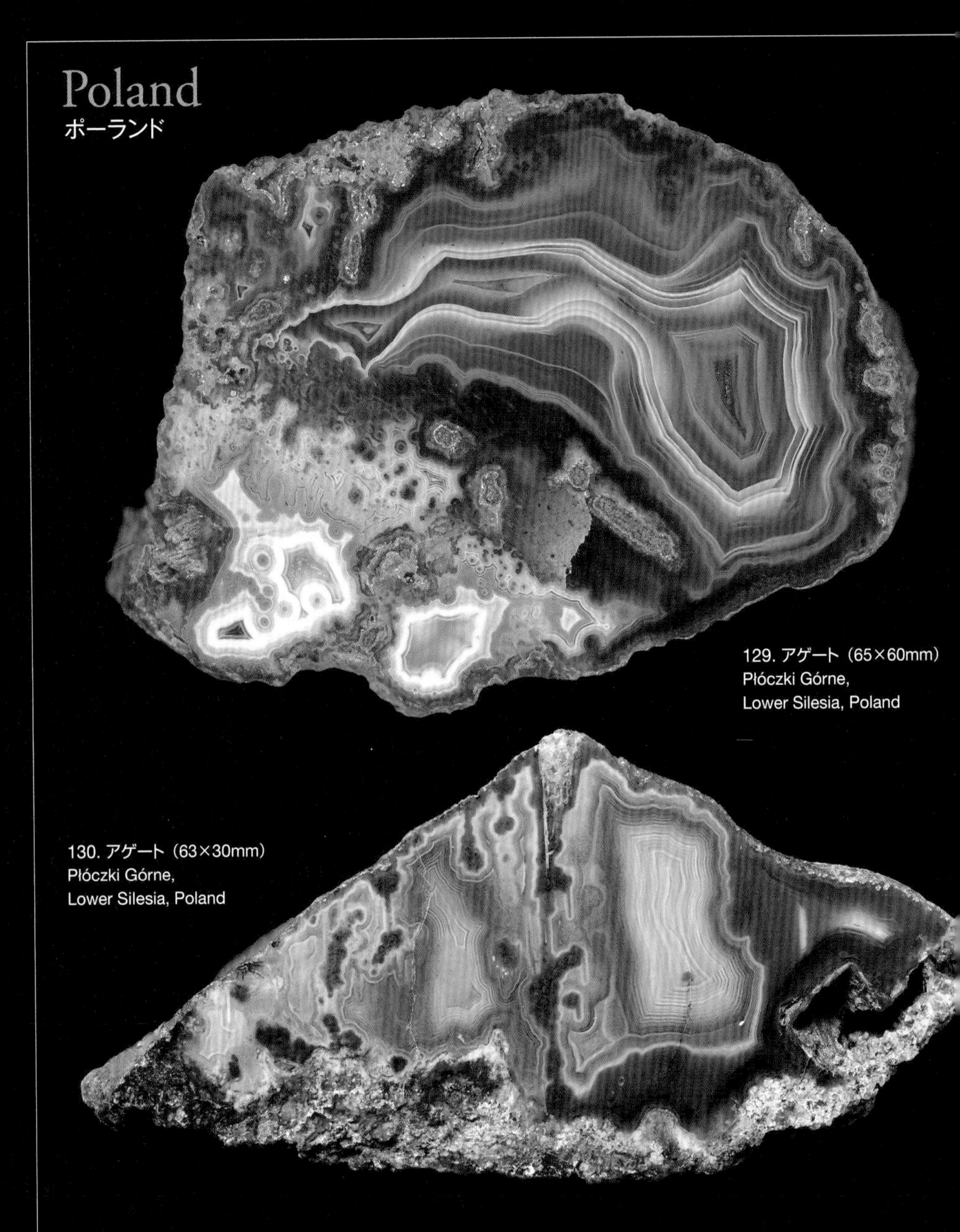

129. アゲート（65×60mm）
Płóczki Górne,
Lower Silesia, Poland

130. アゲート（63×30mm）
Płóczki Górne,
Lower Silesia, Poland

ポーランドはアゲートの詰まった大きなサンダーエッグが市場に多く出ており、産地も多い。愛好家の間で人気が高いのは、ドイツ・チェコ国境付近のポーツキー・ゴルネ産のアゲートだ。小振りながら緻密で複雑な縞模様をもち、色彩赤・紫系を基調として、黄色系も入るカラフルなものがあ商業的採掘はされておらず、入手は困難だ。

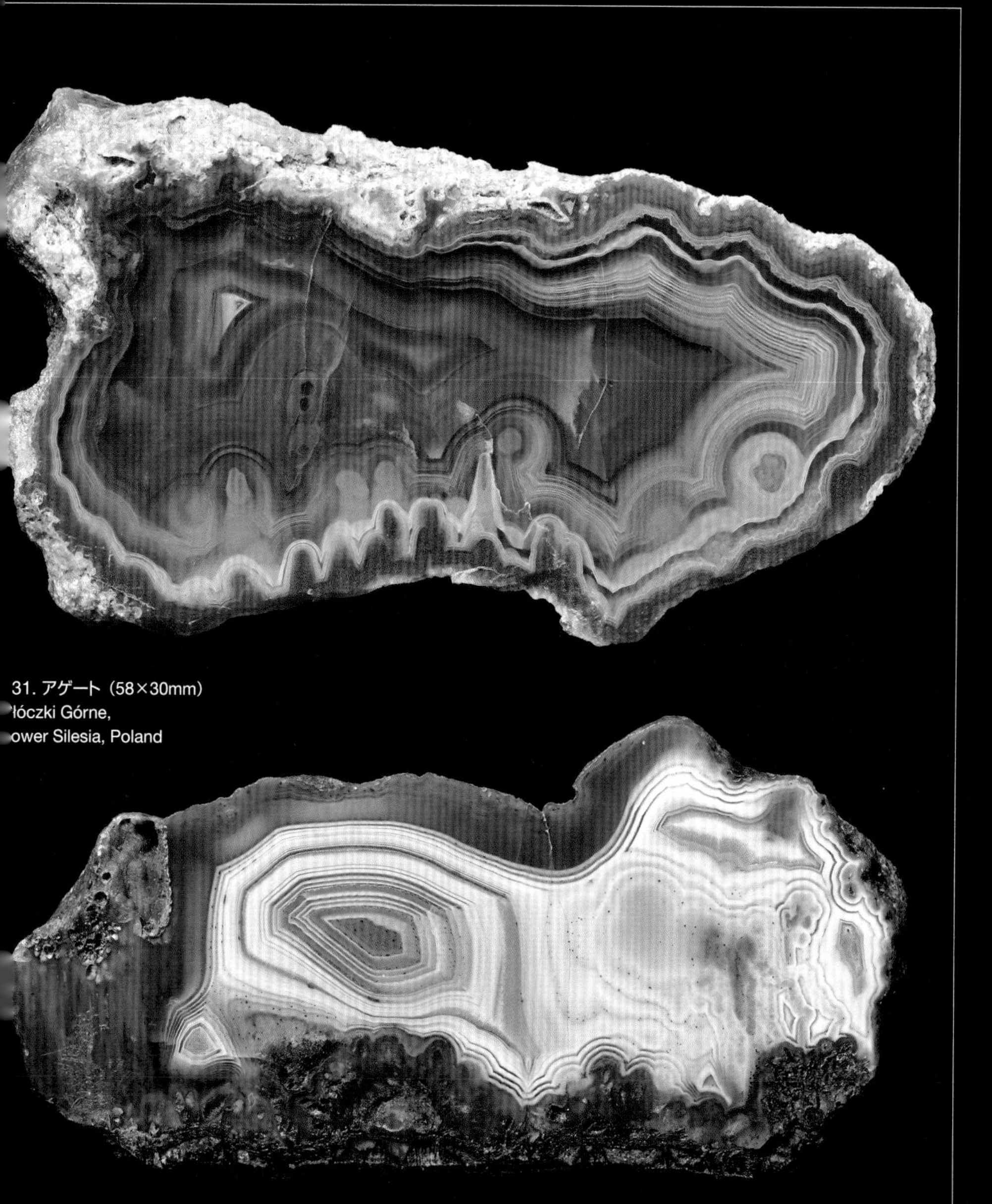

31. アゲート（58×30mm）
łóczki Górne,
ower Silesia, Poland

132. アゲート（85×38mm）
Płóczki Górne,
Lower Silesia, Poland

Scotland
スコットランド

スコットランドは石英系半貴石の産地が多い。
煙水晶のケアンゴームは有名だ。
19世紀後半、ヴィクトリア女王がスコットランドびいきで、
半貴石を好んだため、一大アゲートブームがおき、
スコットランド産アゲートがブローチなどに多く加工された。
産地ごとに特徴があるが、おおまかに分けると、西部は赤茶系、
東部は青黒く細かい縞のあるアゲートが多い。

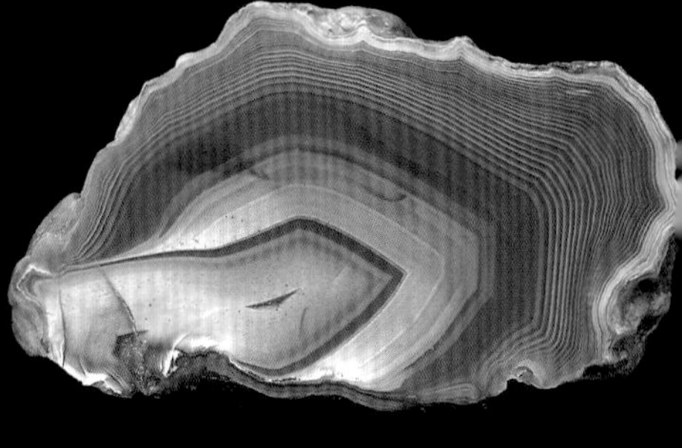

135. アゲート（110×110mm）
Heads of Ayr, Ayrshire, Scotland, UK

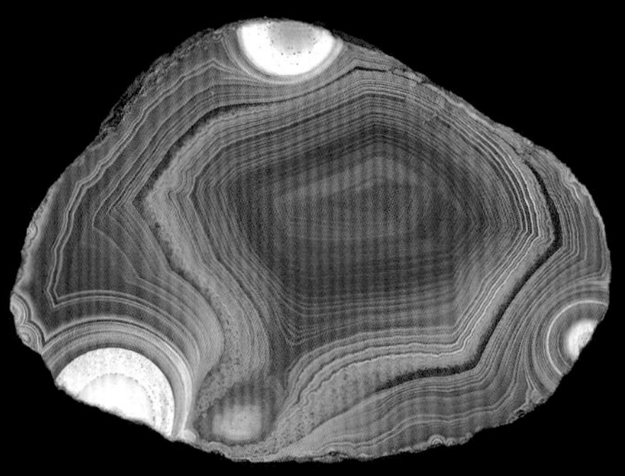

133. アゲート
（35×25mm）
Balmerino Beach, Fife,
Scotland, UK

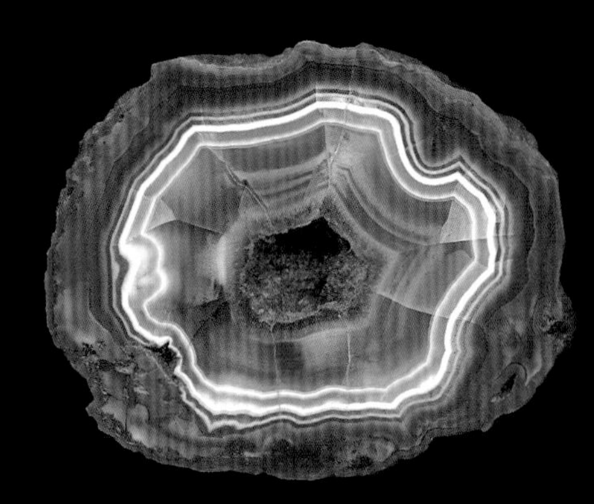

136. アゲート（110×110mm）
Heads of Ayr, Ayrshire, Scotland, UK

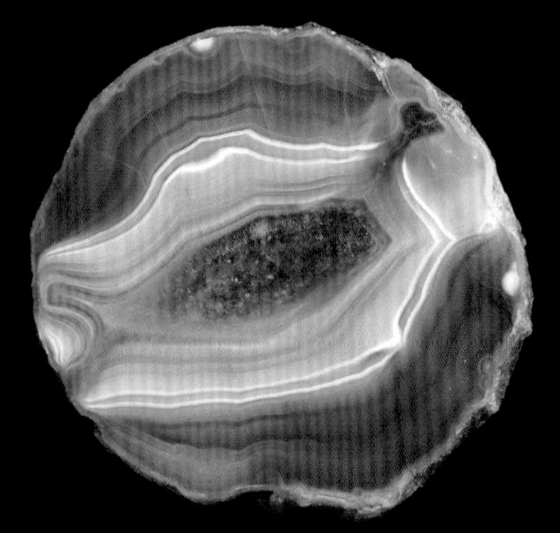

134. アゲート
（46×48mm）
Newburgh, Fife, Scotland, UK

137. アゲート（110×110mm）
Ardie Hill, Fife, Scotland, UK

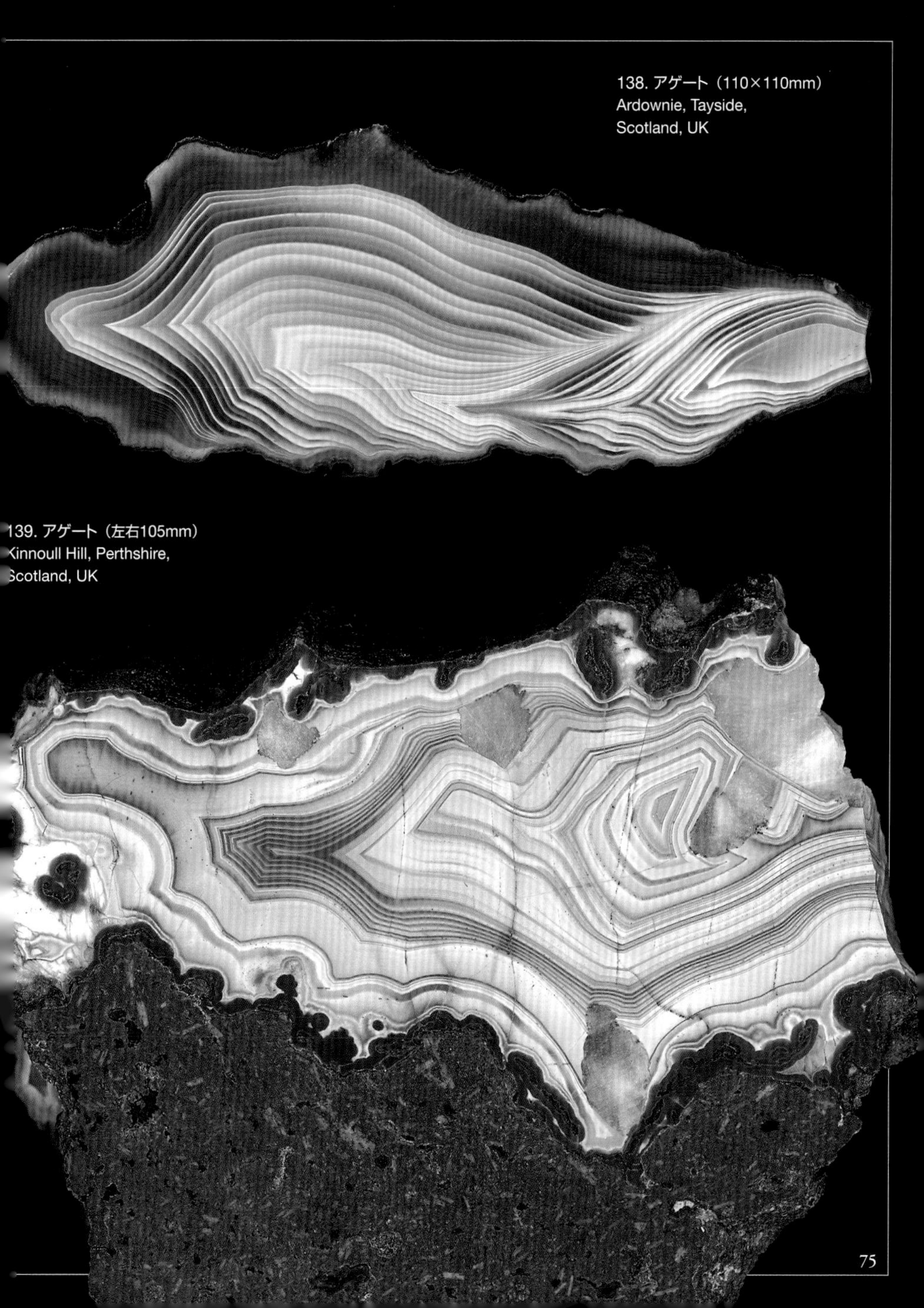

138. アゲート（110×110mm）
Ardownie, Tayside,
Scotland, UK

139. アゲート（左右105mm）
Kinnoull Hill, Perthshire,
Scotland, UK

Russia
ロシア

ロシアは広大な土脈のさまざまな場所でアゲートが採れる。ウラル地方産のものが比較的よく知られているが、極東部にも産地が多い。

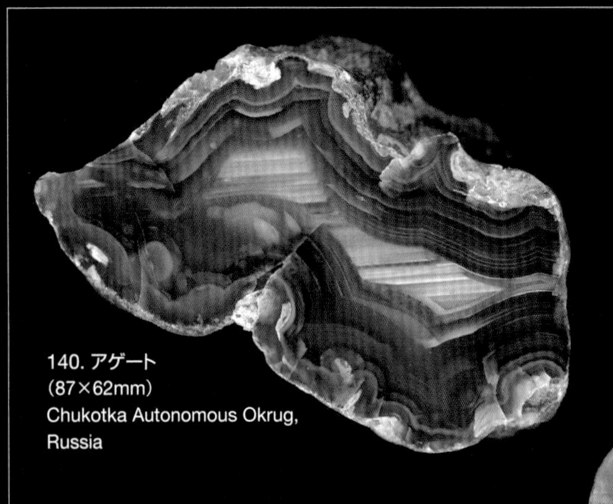

140. アゲート
（87×62mm）
Chukotka Autonomous Okrug,
Russia

141. アゲート（74×56mm）
Timan Mountains,
Komi Republic, Russia

142. アゲート（160×90mm）
Golutvin, Moscow region,
Russia

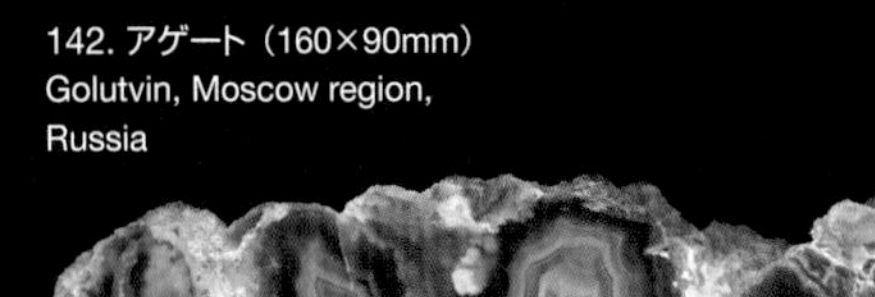

143. アゲート（80×50mm）
Nepa River, Tunguska,
Eastern-Siberian Region,
Russia

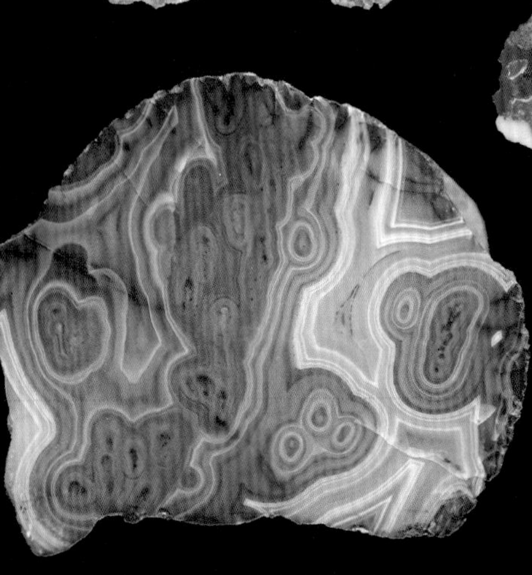

144. アゲート
（90×70mm）
Eastern-Siberian Region,
Russia

アゲートを切る

アルゼンチンのコンドル・アゲートの原石。外側からは内部の色・形がどうなっているかわからない。

アゲートの原石は自然に割れたり風化していないかぎり、ほとんどの場合不透明な外殻に覆われていて、中の色や構造を伺い知ることはできない。構造は立体的なもので、たとえればタマネギや、舐めていると色が変わる飴の「かわり玉」に似た、層が重なった構造をしている。層の幅には差があるが、多いもので1ミリ幅に100以上ある。これを切って断面を見ると、本書に収録している写真のような縞模様となって現れるが、当然切る位置や角度で異なる模様が現れることになる。

産地ごとに特徴があるが、同じ場所で採掘されたものでも内容はさまざまで、アゲートでなく水晶が詰まっているものや、ほとんど何も入っていないものもあり、本書に掲載されている石の多くは、原石を数十個切って数個でるかどうかという稀少な品質のものだ。

アゲートの硬度はモース硬度7と非常に硬く、これよりも硬い石はトパーズ、ルビー、ダイヤモンドなど限られている。切るには通常ダイヤモンドの粒子をつけたカッターを使用する。研磨はやはりダイヤモンドの粒子を埋め込んだ樹脂のパッドや炭化ケイ素の研磨剤を使用する。粗いものから目の細かい研磨材で段階的に磨いていき、最終的に、鉱物ショップに並ぶような、ガラス光沢のあるものが出来る。

アゲートの構造の模式図。切り方・削り方で模様の現れ方が変わる。

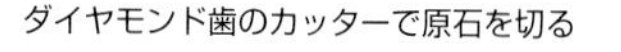

ダイヤモンド歯のカッターで原石を切る

切り終わったコンドル・アゲート

湿式の研磨パッドで粗さを変えながら磨く

アジア・オセアニアのアゲート

アジア・オセアニア諸国で美しい縞模様のアゲートが採れる地域は、
イラン、中国、モンゴル、インド、トルコ、オーストラリア、ニュージーランドなどだ。
特に中国は近年、非常に彩度が高く、カラフルなアゲートが
河北省で発見され、愛好家の垂涎の的になっている。
オーストラリアも黄色、赤、青と独特なカラーコンビネーションのアゲートが
豊富に採れることで知られる。

China
中国

中国のアゲートで古くから知られているのは、南京市周辺の長江支流沿岸域でとれる「雨花石」だ。自然に削られ、磨かれた小石状のアゲートは、表面も滑らかで、現地では水盆に沈めて鑑賞されてきた。6世紀の禅宗の二祖である慧可が丘の上で説法していたところ、色とりどりの花が雨のように降り、やがて石になったという逸話からこの名がついている。

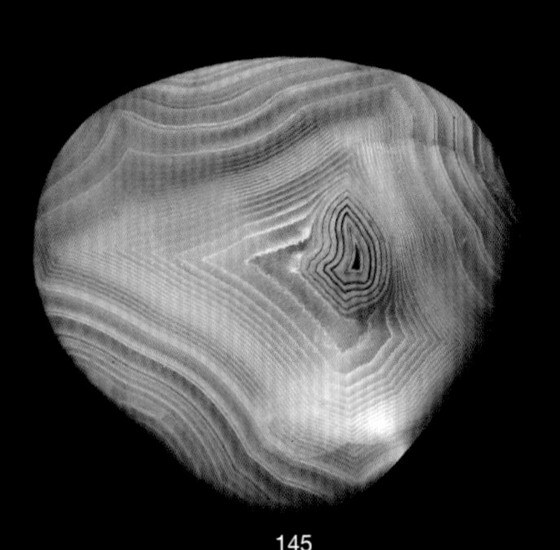

145

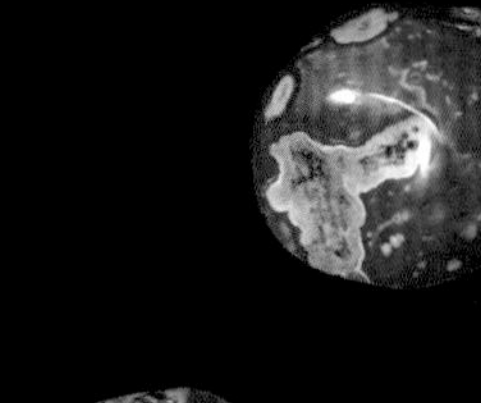

146

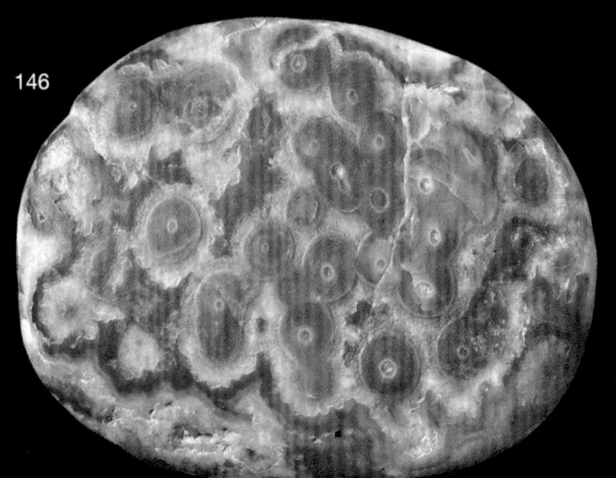

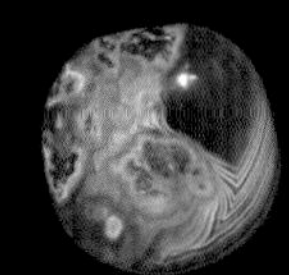

145, 146. 雨花石（Rain Flower Pebbles）
（145:55×50mm, 146:60×48mm）
中華人民共和国江蘇省南京市
Nanjing, Jiangsu, China

147. 雨花石（Rain Flower Pebbles）（直径約20～55mm）
中華人民共和国江蘇省南京市　Nanjing, Jiangsu, China

2010年代に河北省張家口市宣化区で非常にカラフルで縞模様の美しいものが発掘され、海外に紹介された。春秋戦国時代の戦場跡が近かったことから、戦国瑪瑙、英名Fighting Blood Agateと名付けられる。サイズは比較的小さいが、緻密な縞模様とカラフルさで、一気に世界のコレクターの人気を呼ぶ。コンドル・アゲートと同様、層状の構造が出来た後に、部分的に染まる、クロマトグラフが見られるのも特徴だ。

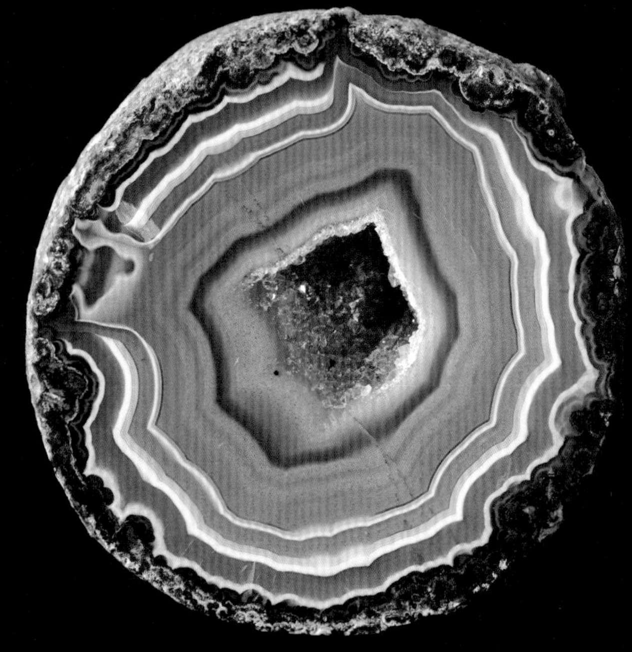

148. アゲート（66×62mm）
中華人民共和国、河北省張家口市宣化区
Xuanhua District, Zhangjiakou, Hebei, China

Hannes Holzmann collection

149. アゲート（80×45mm）
中華人民共和国、河北省張家口市宣化区
Xuanhua District, Zhangjiakou, Hebei, China

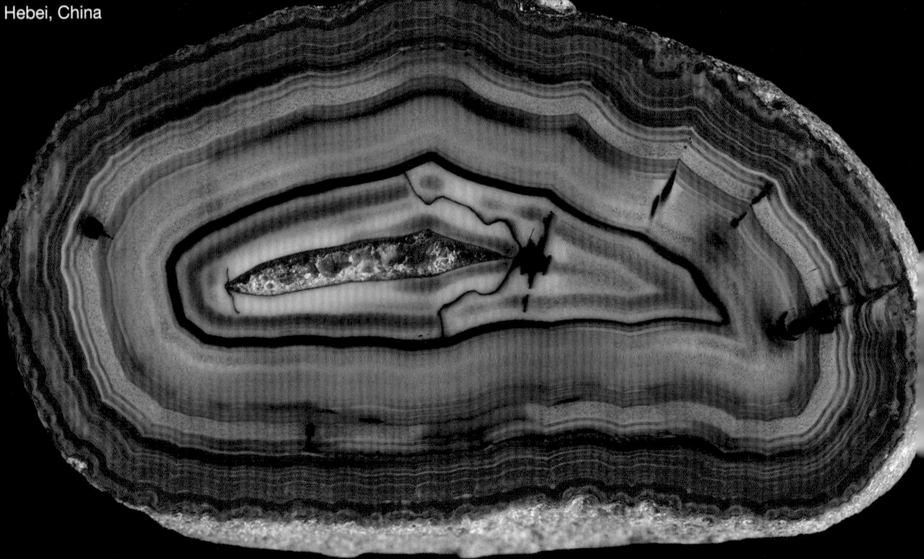

Hannes Holzmann collection

150. アゲート（65×85mm）
中華人民共和国、
河北省張家口市宣化区
Xuanhua District,
Zhangjiakou,
Hebei, China

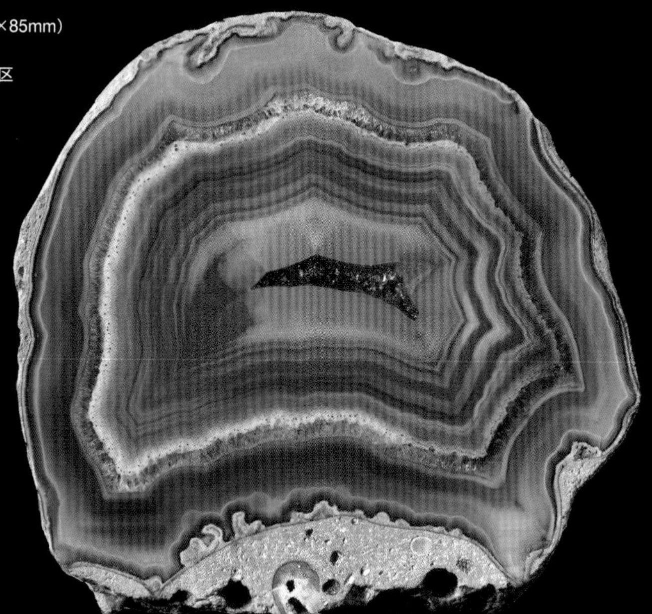

Hannes Holzmann collection

151. アゲート（60×60mm）
中華人民共和国、
河北省張家口市宣化区
Xuanhua District,
Zhangjiakou, Hebei, China

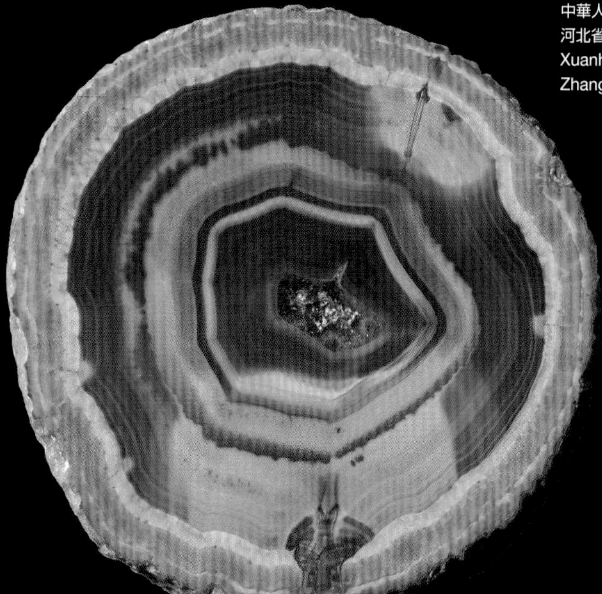

Hannes Holzmann collection

152. アゲート（95×78mm）
中華人民共和国、
河北省張家口市宣化区
Xuanhua District,
Zhangjiakou, Hebei,
China

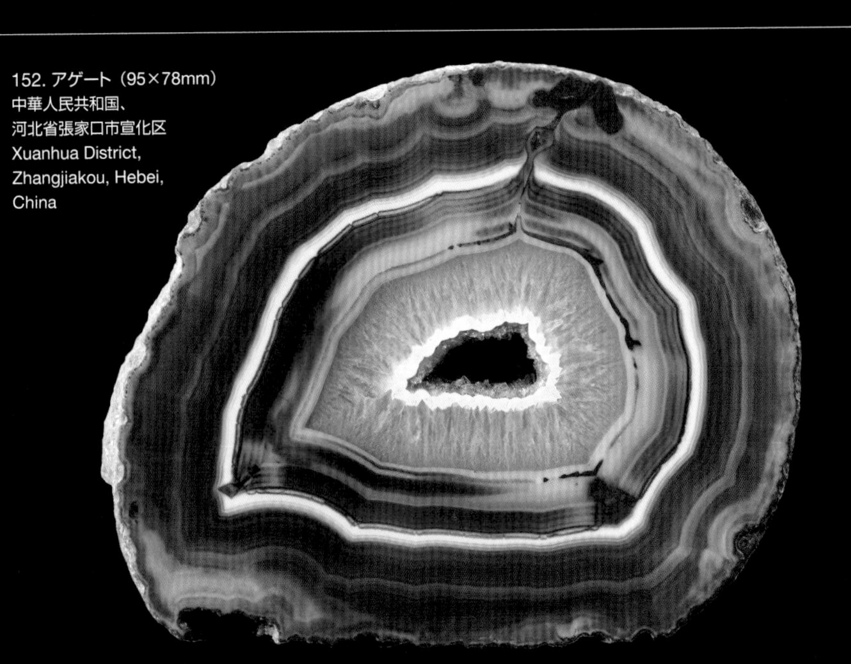

Hannes Holzmann collection

153. アゲート（82×73mm）
中華人民共和国、
河北省張家口市宣化区
Xuanhua District,
Zhangjiakou, Hebei, China

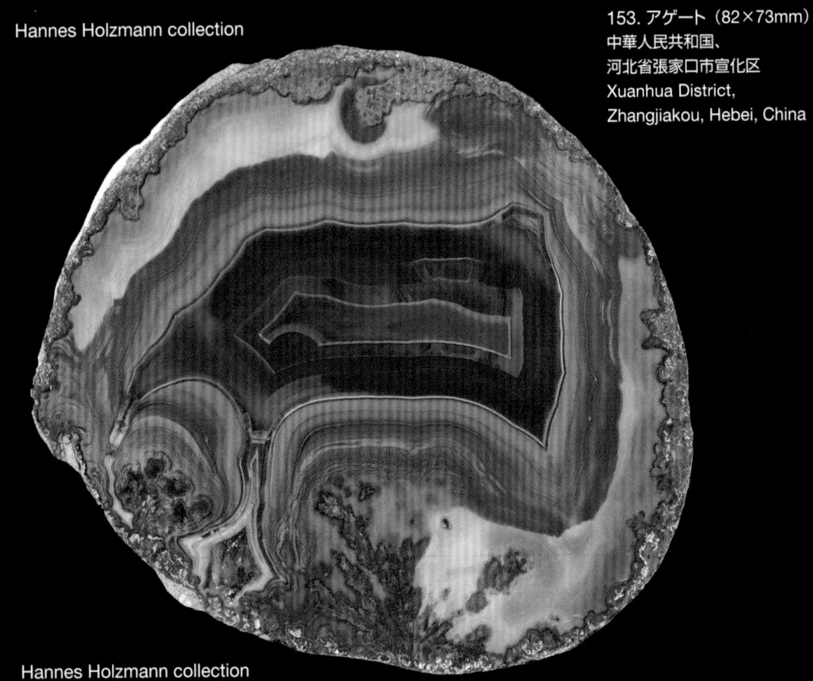

Hannes Holzmann collection

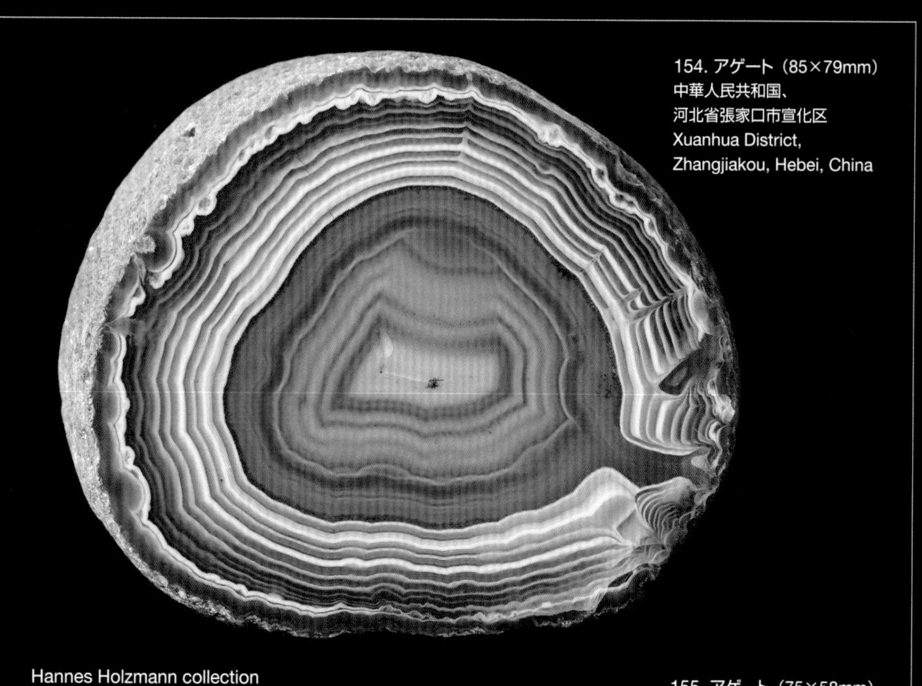

154. アゲート（85×79mm）
中華人民共和国、
河北省張家口市宣化区
Xuanhua District,
Zhangjiakou, Hebei, China

Hannes Holzmann collection

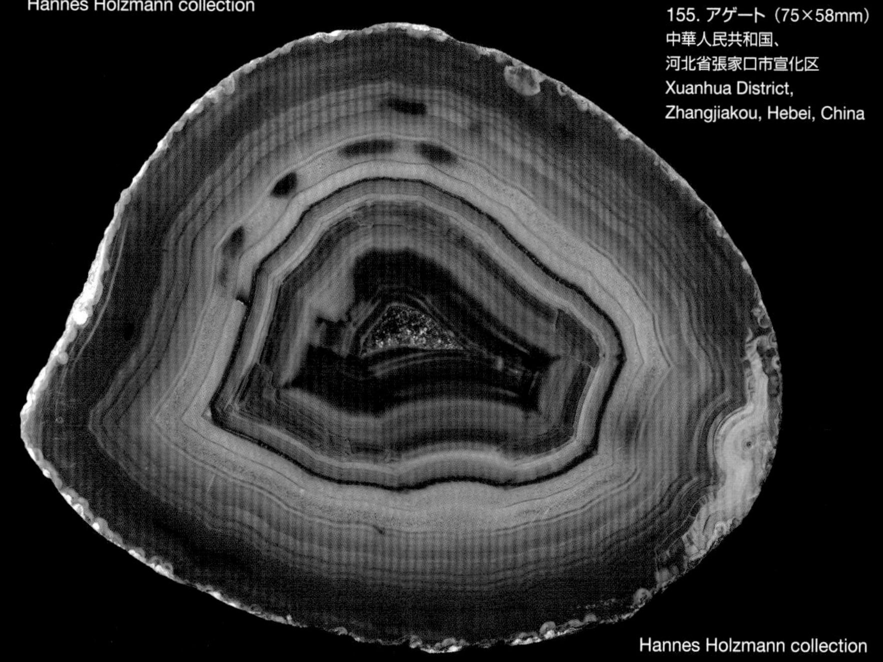

155. アゲート（75×58mm）
中華人民共和国、
河北省張家口市宣化区
Xuanhua District,
Zhangjiakou, Hebei, China

Hannes Holzmann collection

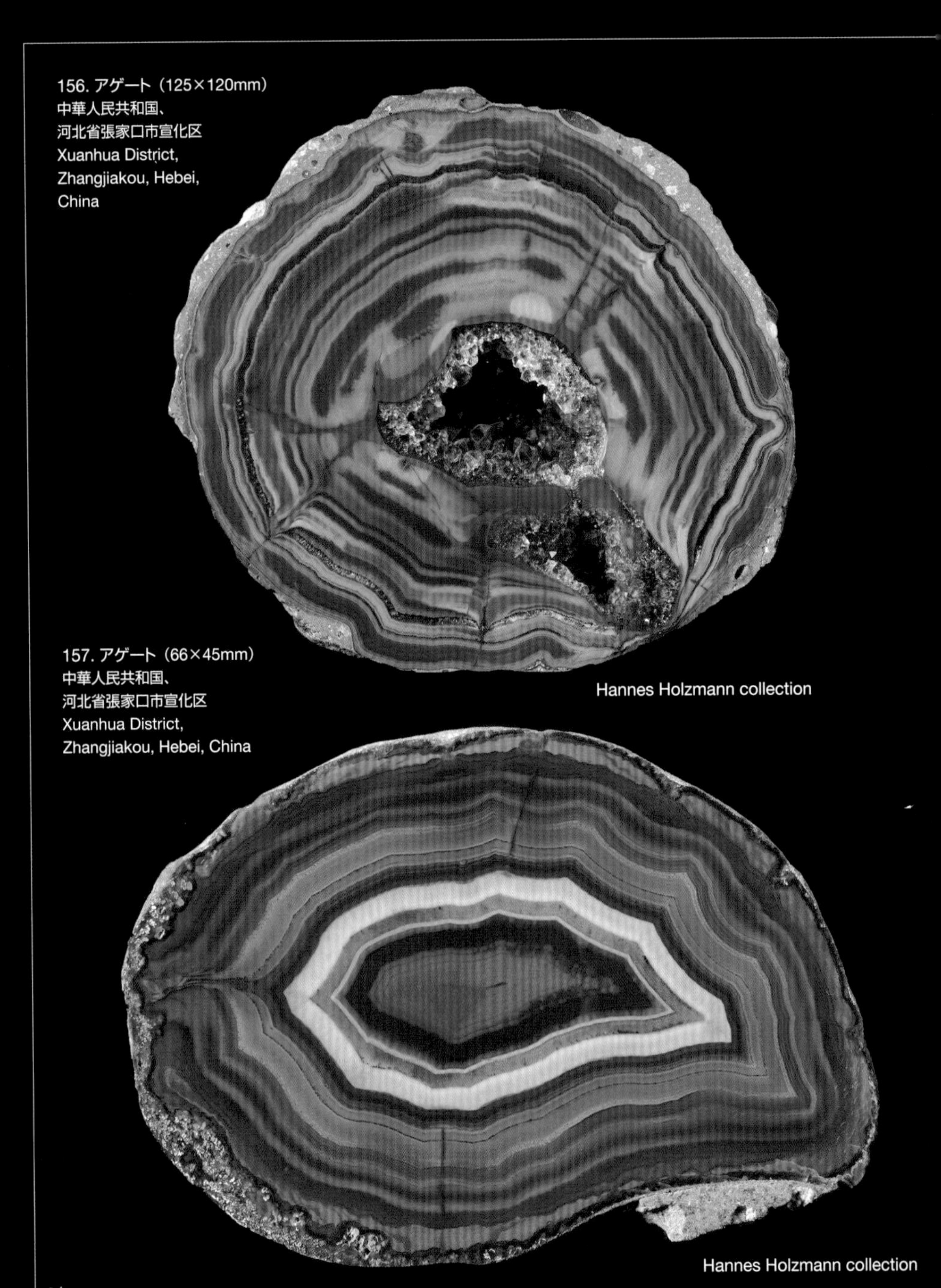

156. アゲート（125×120mm）
中華人民共和国、
河北省張家口市宣化区
Xuanhua District,
Zhangjiakou, Hebei,
China

Hannes Holzmann collection

157. アゲート（66×45mm）
中華人民共和国、
河北省張家口市宣化区
Xuanhua District,
Zhangjiakou, Hebei, China

Hannes Holzmann collection

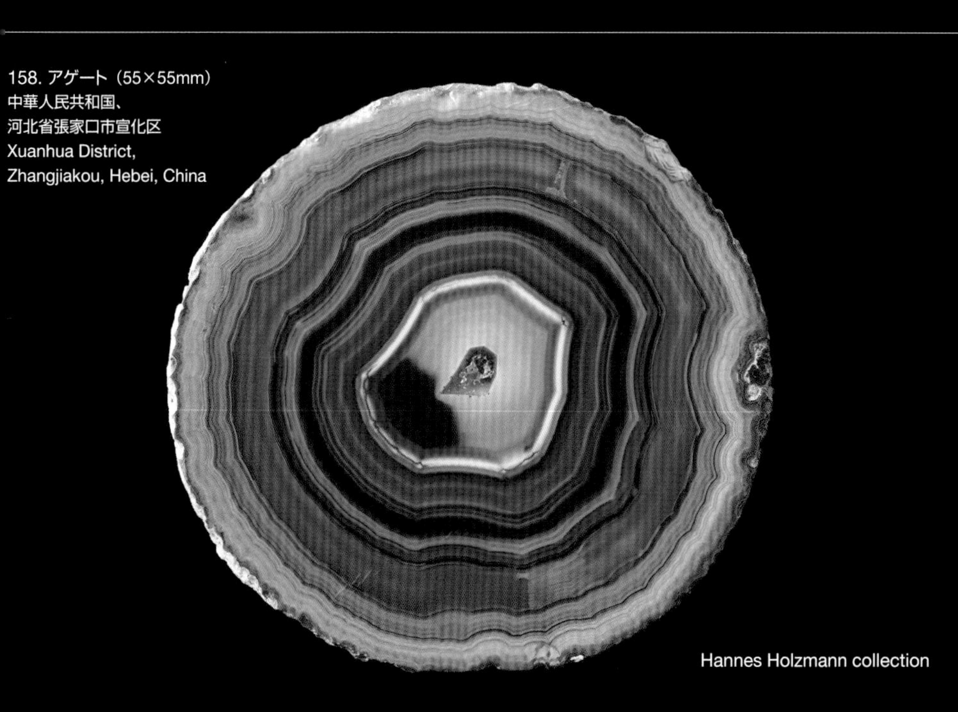

158. アゲート（55×55mm）
中華人民共和国、
河北省張家口市宣化区
Xuanhua District,
Zhangjiakou, Hebei, China

Hannes Holzmann collection

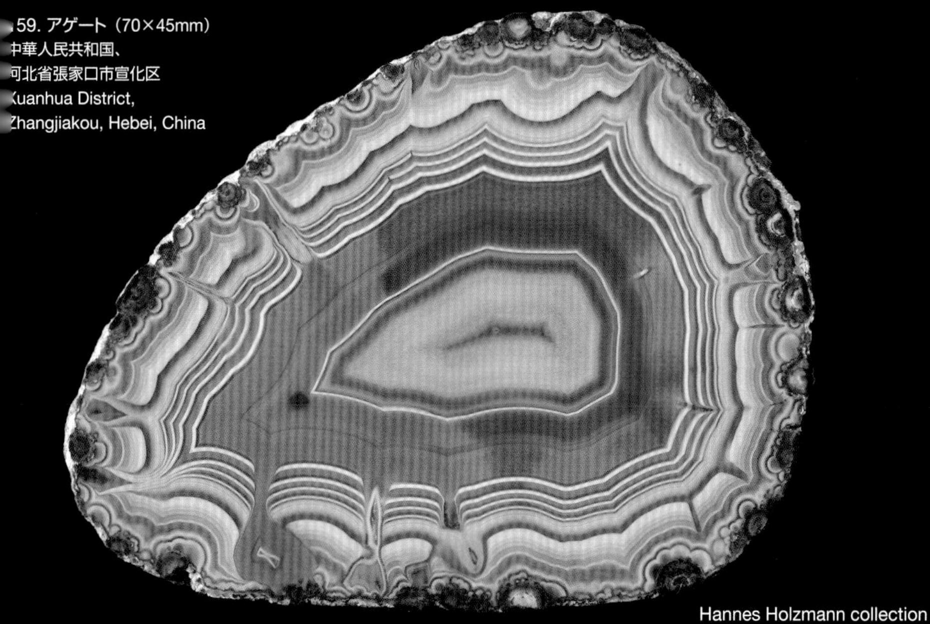

159. アゲート（70×45mm）
中華人民共和国、
河北省張家口市宣化区
Xuanhua District,
Zhangjiakou, Hebei, China

Hannes Holzmann collection

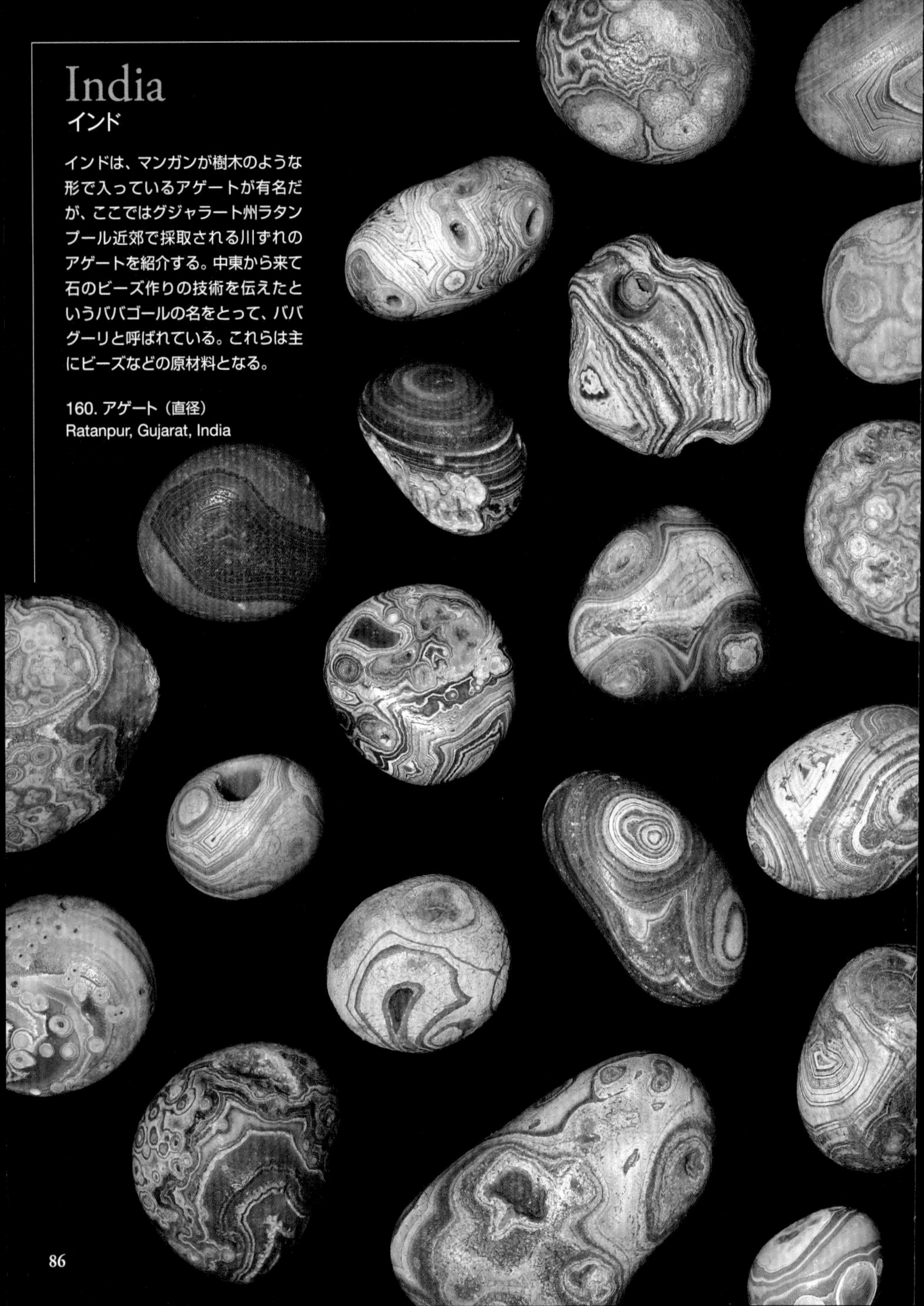

India
インド

インドは、マンガンが樹木のような形で入っているアゲートが有名だが、ここではグジャラート州ラタンプール近郊で採取される川ずれのアゲートを紹介する。中東から来て石のビーズ作りの技術を伝えたというババゴールの名をとって、ババグーリと呼ばれている。これらは主にビーズなどの原材料となる。

160. アゲート（直径）
Ratanpur, Gujarat, India

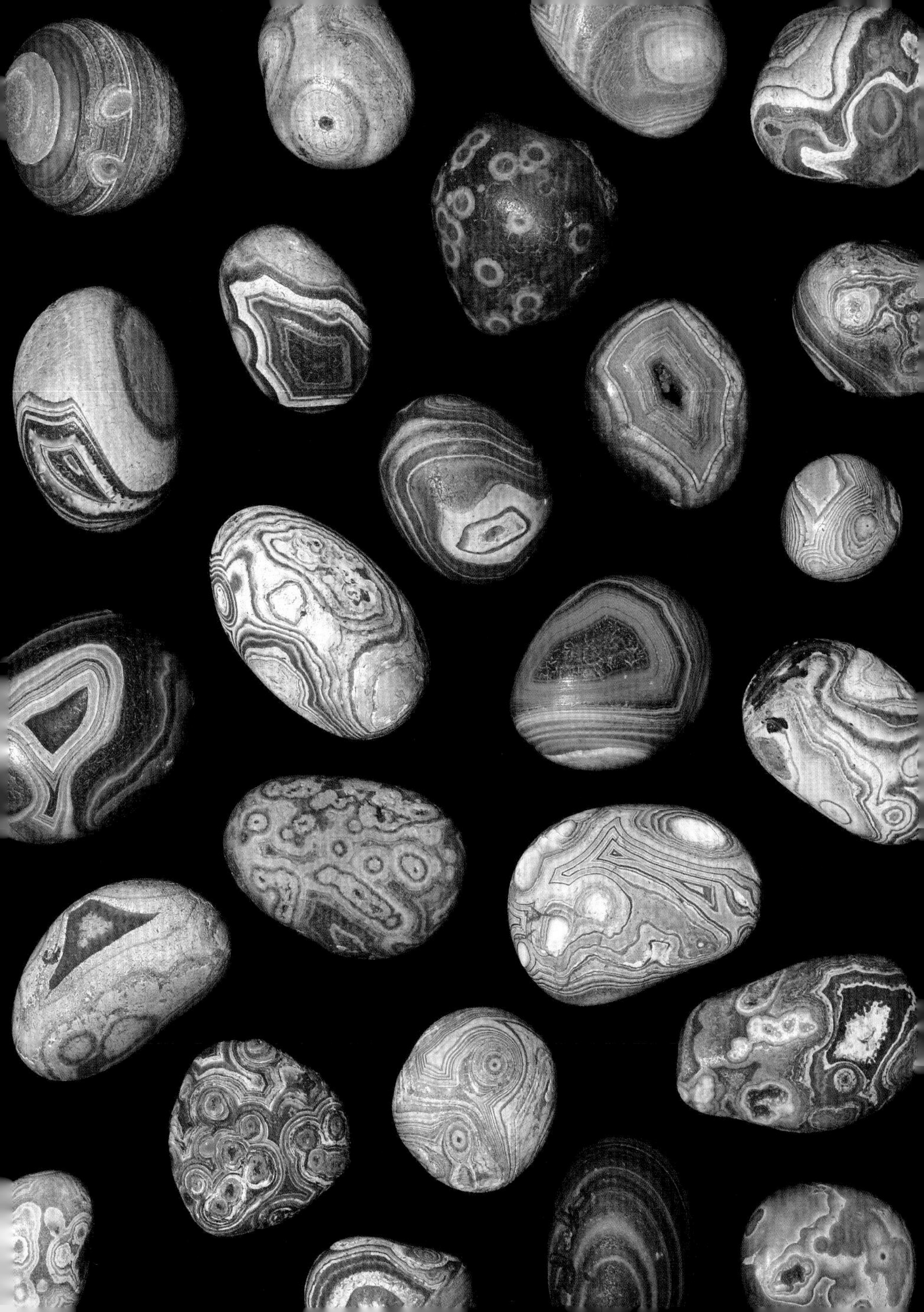

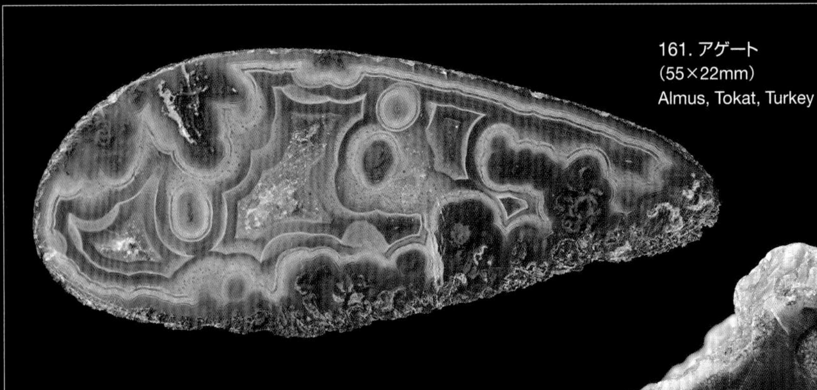

161. アゲート
(55×22mm)
Almus, Tokat, Turkey

Turkey
トルコ

トルコはアゲートやオパールなど、石英系の石の産地が複数ある。アンカラ地方ではサンダーエッグや、あられ石の仮晶を含む独特なアゲートが多く採れ、市場に出てきたが、近年、さらに東の黒海沿岸地域のカラフルなものが新たに採取されるようになった。

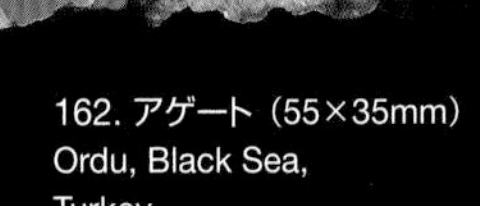

162. アゲート (55×35mm)
Ordu, Black Sea,
Turkey

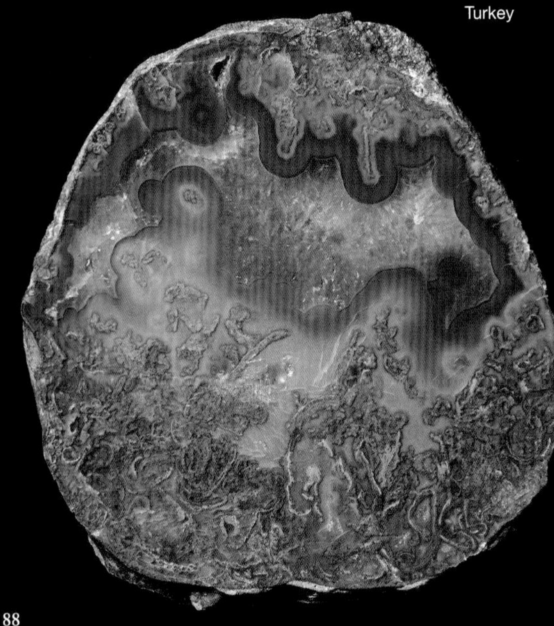

163. アゲート
(55×35mm)
Almus, Tokat, Turkey

164. アゲート
(68×70mm)
Almus, Tokat, Turkey

Indonesia, East Timor
インドネシア　東ティモール

インドネシアは近年、半貴石類が盛んに採掘されていて、ジャワ島、スマトラ島、スラウェシ島産のさまざまなタイプのアゲートやオパールが販売されている。東ティモールでは縞模様の緻密な、サイズの大きなアゲートが採れる。

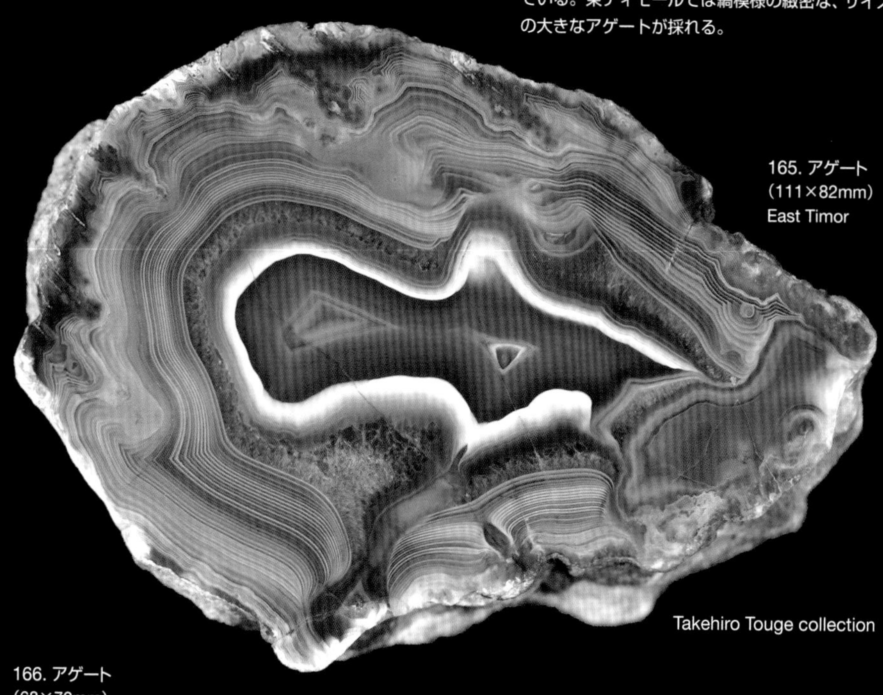

165. アゲート
(111×82mm)
East Timor

Takehiro Touge collection

166. アゲート
(68×70mm)
Karang Jaya, Musi Rawas,
Sumatra, Indonesia

Australia
オーストラリア

オーストラリアもまた石英系の半貴石の宝庫だが、縞模様のアゲートで有名なのはクイーンズランド州のその名もアゲート・クリーク産のものだ。赤と水色、黄色など、他ではあまり見られない色のコンビネーションがある。また、北部のウェイブヒルのものも、乳白色のベースにコントラストの高い縞模様が入っていて美しい。

167. アゲート
（55×35mm）
Agate Creek, Queensland, Australia

168. アゲート
（55×35mm）
Agate Creek, Queensland, Australia

Hannes Holzmann collection

169. アゲート
（44×28mm）
Wave Hill Station, Northern Territory, Australia

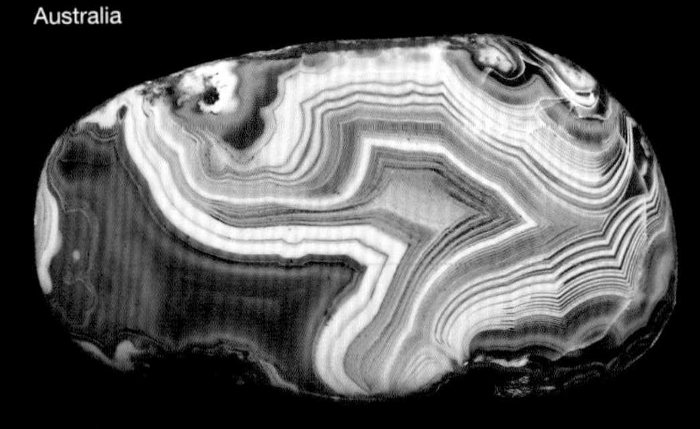

170. アゲート
（58×50mm）
Wave Hill Station, Northern Territory, Australia

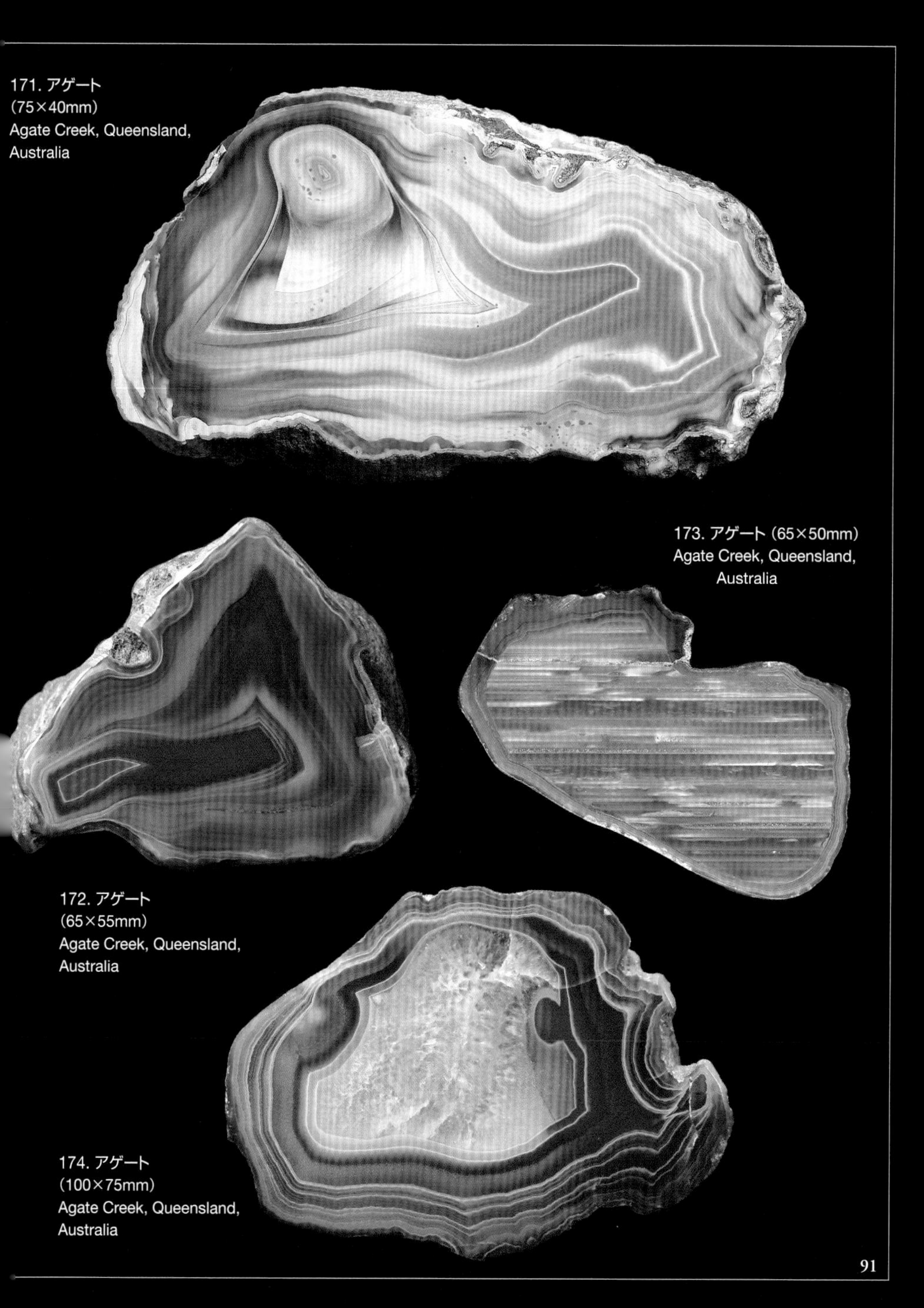

171. アゲート
（75×40mm）
Agate Creek, Queensland,
Australia

173. アゲート（65×50mm）
Agate Creek, Queensland,
Australia

172. アゲート
（65×55mm）
Agate Creek, Queensland,
Australia

174. アゲート
（100×75mm）
Agate Creek, Queensland,
Australia

New Zealand
ニュージーランド

ニュージーランドは南島のカンタベリー地方にアゲート産地が多い。多くは色味に乏しいものだが、縞模様、モス・アゲートなど、バリエーションがある。特にユニークなのがRangiatea産のもので、サイズは小さいが平行な層とランダムなパターンが混じったもので、絵画的な魅力がある。

175. アゲート
（46×56mm）
White Cliff, Canterbury,
New Zealand

177. アゲート
（52×46mm）
Rangitata River, Canterbury,
New Zealand

176. アゲート（41×25mm）
Rangiatea, Gallaghers, Canterbury,
New Zealand

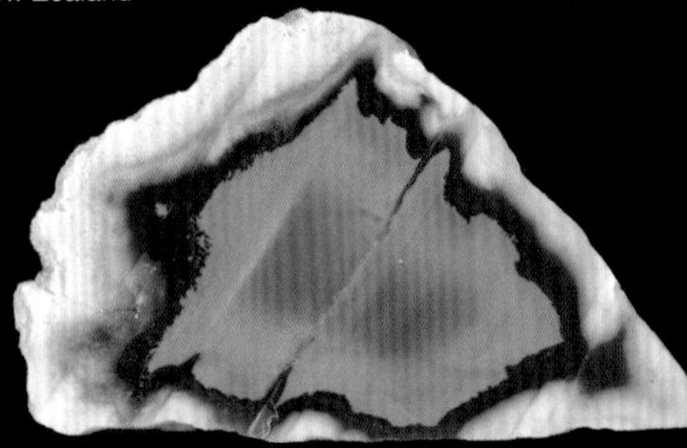

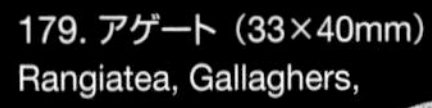

178. アゲート（35×29mm）
Rangiatea, Gallaghers,
Canterbury,
New Zealand

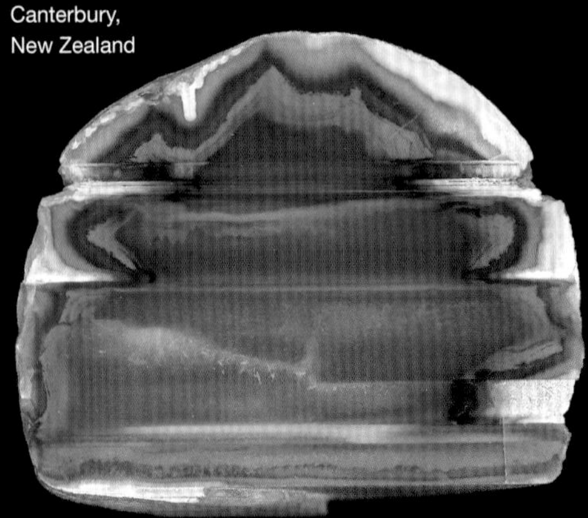

179. アゲート（33×40mm）
Rangiatea, Gallaghers,
Canterbury,
New Zealand

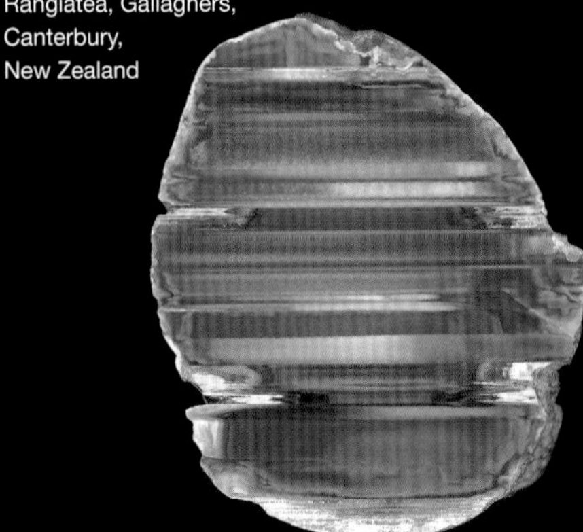

Japan 日本

日本にも縞模様のあるアゲートが採れる場所が多数ある。錦石で知られる青森県津軽地方の梵珠山はブルーグレーのアゲートの産地だが、同心円状の縞が入ったものは「的入りめのう」と呼ばれる。北海道・今金町の花石も美しいアゲートの産地としてかなりの産出量を誇った。透明度の高い赤いものと、乳白色のものがある。

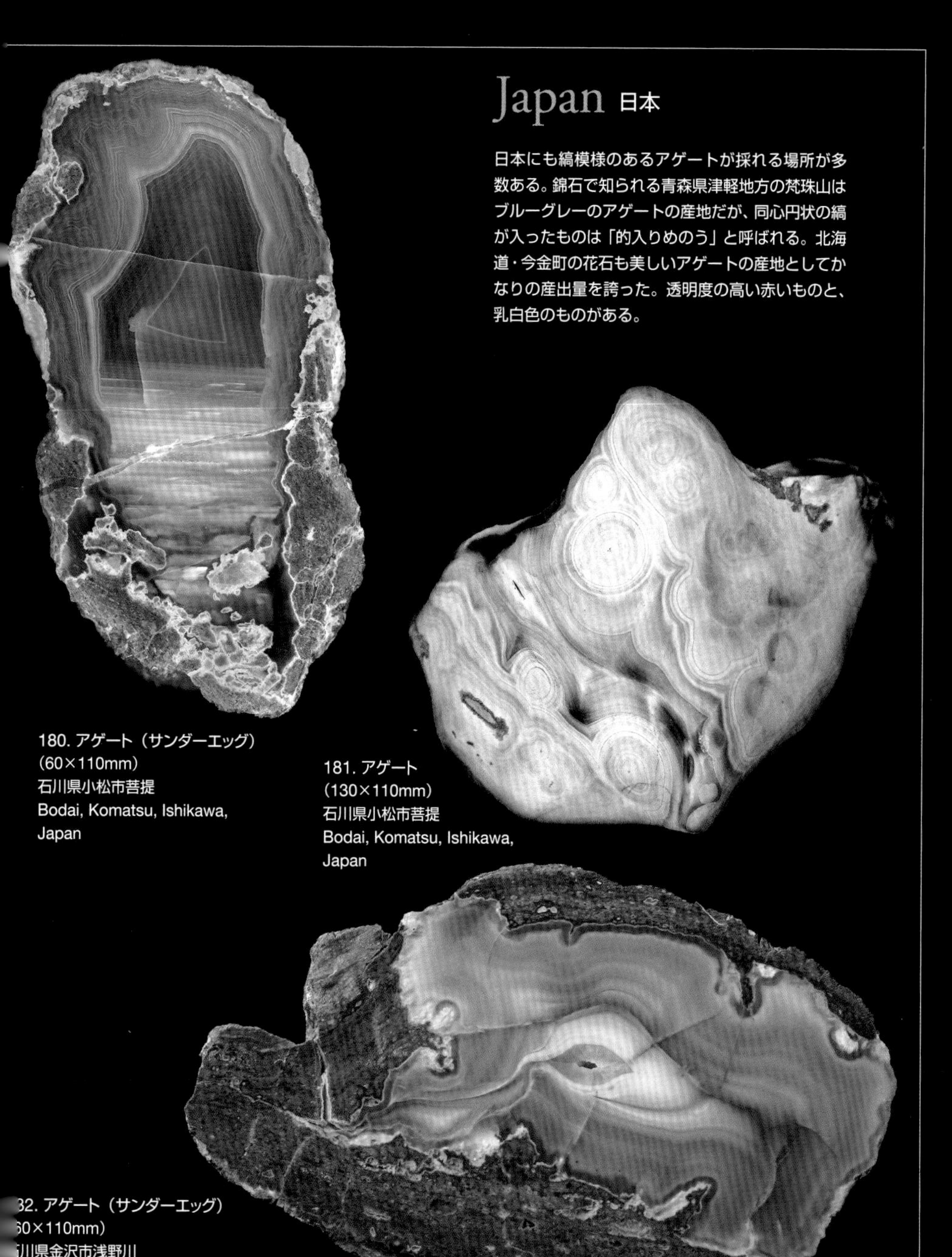

180. アゲート（サンダーエッグ）
（60×110mm）
石川県小松市菩提
Bodai, Komatsu, Ishikawa, Japan

181. アゲート
（130×110mm）
石川県小松市菩提
Bodai, Komatsu, Ishikawa, Japan

32. アゲート（サンダーエッグ）
60×110mm）
川県金沢市浅野川
sano River, Kanazawa, Ishikawa, Japan

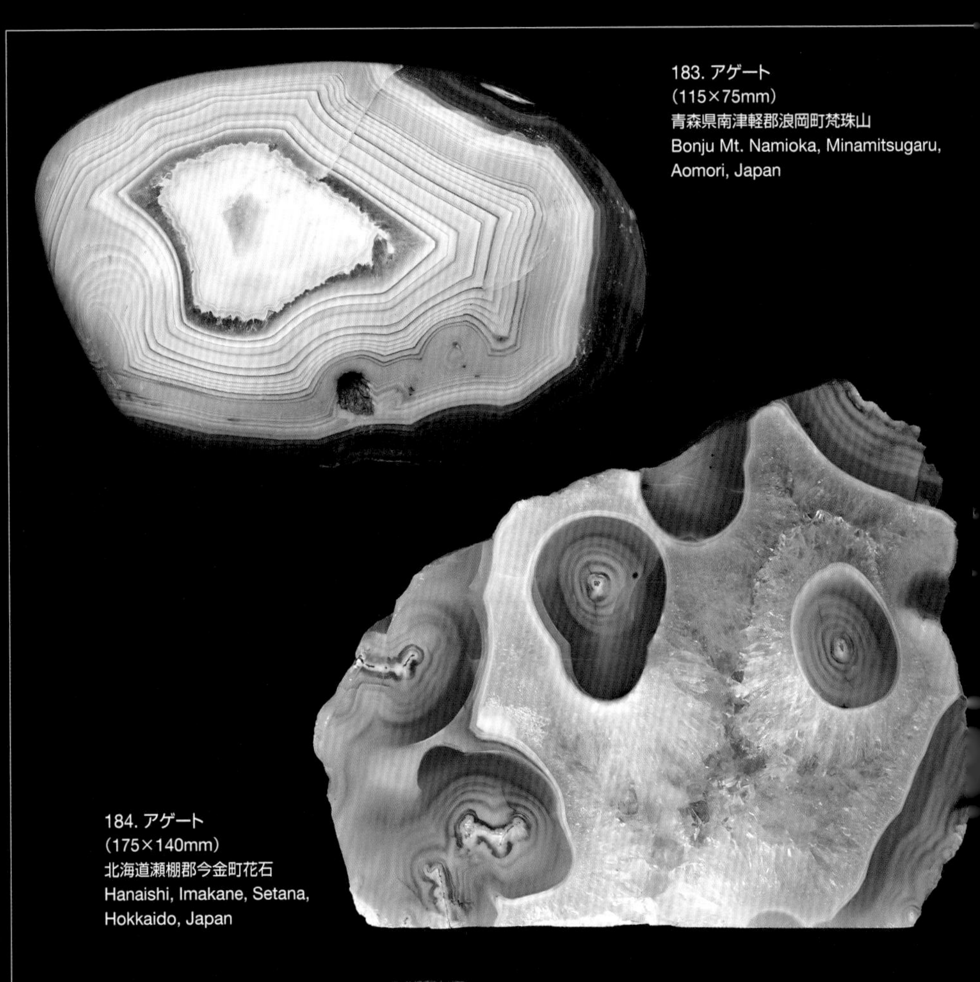

183. アゲート
（115×75mm）
青森県南津軽郡浪岡町梵珠山
Bonju Mt. Namioka, Minamitsugaru, Aomori, Japan

184. アゲート
（175×140mm）
北海道瀬棚郡今金町花石
Hanaishi, Imakane, Setana, Hokkaido, Japan

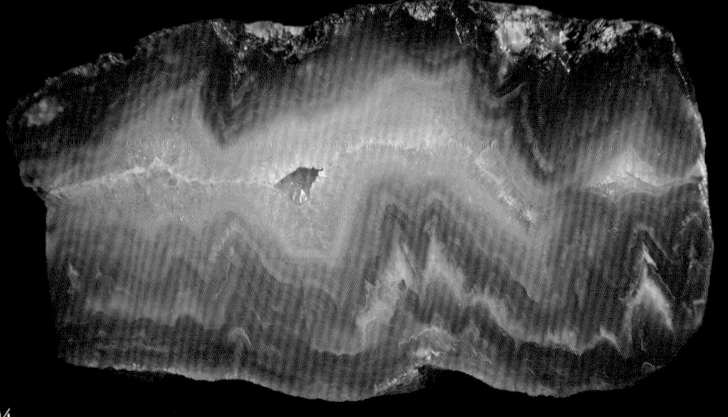

185. アゲート
（140×75mm）
北海道瀬棚郡今金町花石
Hanaishi, Imakane, Setana, Hokkaido, Japan

謝辞
Acknowledgments and Photo Credit

本書に掲載の標本の所有者は写真ごとに記載しています。記載の無いものは全て著者所有のものです。本書の制作にあたっては、以下の複数の愛好家の方々にご協力いただきました。ここに記して深く感謝を表します。(掲載順・敬称略)
The owners of the specimens in this book are listed by photograph. Anything not mentioned is the author's. Special thanks to the following people for the contribution of precious specimens. (order of appearance.)

Hannes Holzmann
峠武宏 Takehiro Touge https://agate.ocnk.net/
Albert Russ
Jeffrey Anderson http://www.sailorenergy.net/Minerals/MineralMain.html
Kristalle https://kristalle.com/
Miroslav Zeman
Prague National Museum プラハ国立博物館 https://www.nm.cz/

写真撮影者
Photo Credit (item numbers)

Albert Russ 004, 015-017, 023, 024, 030, 031, 036, 070, 071, 075, 096-098, 102, 124-127, 148-159, 168
峠武宏 Takehiro Touge 010, 011, 116, 117, 165
Jeffrey Anderson 089
Kristalle 093
上記記載以外の写真は全て著者。All other photos were taken by the author.

著者略歴

山田英春（やまだ・ひではる）

1962年東京生まれ。国際基督教大学卒業。
出版社勤務を経て、現在書籍の装丁を専門にするデザイナー。
著書に『巨石――イギリス・アイルランドの古代を歩く』（早川書房、2006年）、『不思議で美しい石の図鑑』（創元社、2012年）、『石の卵――たくさんのふしぎ傑作集』（福音館書店、2014年）、『インサイド・ザ・ストーン』（創元社、2015年）、『四万年の絵』（『たくさんのふしぎ』2016年7月号、福音館書店）、『奇妙で美しい石の世界』（ちくま新書、2017年）、『風景の石 パエジナ』（創元社、2019年）、『花束の石 プルーム・アゲート』（創元社、2020年）が、編書に『美しいアンティーク鉱物画の本』（創元社、2016年）、『美しいアンティーク生物画の本――クラゲ・ウニ・ヒトデ篇』（創元社、2017年）、『奇岩の世界』（創元社、2018年）がある。
website: http://www.lithos-graphics.com/

不思議で奇麗な石の本 **縞と色彩の石 アゲート**

2020年12月10日第1版第1刷　発行

著　者――山田英春
発行者――矢部敬一
発行所――株式会社創元社
https://www.sogensha.co.jp/
本社▶〒541-0047 大阪市中央区淡路町 4-3-6　Tel.06-6231-9010 Fax.06-6233-3111
東京支店▶〒101-0051 東京都千代田区神田神保町 1-2　田辺ビル　Tel.03-6811-0662

ブックデザイン――山田英春
印刷所――図書印刷株式会社

©2020 Hideharu Yamada, Printed in Japan ISBN978-4-422-44022-4　C0344
〈検印廃止〉落丁・乱丁のときはお取り替えいたします。

〈出版者著作権管理機構 委託出版物〉 JCOPY

本書の無断複製は著作権法上での例外を除き禁じられています。
複製される場合は、そのつど事前に、出版者著作権管理機構
（電話 03-5244-5088、FAX 03-5244-5089、e-mail: info@jcopy.or.jp）の許諾を得てください。

本書の感想をお寄せください
投稿フォームはこちらから▶▶▶▶▶